卷首语

目前，据世界各权威统计机构的调查显示，全球老龄人口的增长仍呈现不可遏止的阶梯状上升，且有愈演愈烈之势。住民结构日益趋向老迈预示着我们以往树立的政策标准、价值取向乃至服务体系等均要相应地做出适宜的调整与转变，而比较不同国家、不同地区该进程的顺利与否、速度快慢与成效高低，亦在客观上提供了一个检验各国家与地区政府的反应力与执行力，以及社会基本保障的完善程度与居民生活幸福指数的显著指标。其提炼于自上而下的一种关注，又扎实地落脚在日常民生的衣食住行中。本期《住区》便来谈谈方兴未艾的"老人住宅"。

一直追随我们的读者必定记得，《住区》曾在创刊的2001年对此有所涉及。数年弹指一挥间，当我们再次面对这个专题时，中国老人居住问题的探讨确有一些实际的进展，如在建筑高校中设置的老年人居住的专题课程，以及在市场体系下的老人社区项目等。但结合我国老龄化步伐坚实而迅捷的背景，挑战依然严峻——我们如何才能觅得令自己老有所依的居所？而这样的居所又需要多少投入才能实现？

我们期望住宅在建造观念、形式、材料与工法不断推陈出新的同时，也能有恪守不移的标准，代表着一种普遍规范，而不似魔术师的道具般闪烁其间，令人不明所以地猜度。毕竟，全方位、阶段性、长时期地保护并适用于内在的居住者才是住宅之所以成为住宅而存在的根基。因此，在我们习惯纵向地以收入划分住宅供给链条的同时，亦应该横向地关注个体生命各个周期内的住房需求变化，这也是左右我国住房市场成熟与完善的重要因素。

在这一方面，近邻日本以及欧洲的诸多国家已有相对深入的探索与尝试，无论是老人住宅的设计手法、市场构成，还是资金来源与实现形式，均值得我们学习与借鉴。其中最当瞩目的是国外老人住宅设计理念——由机构化提供服务到尊重老人自主生活的转变。前者倾向于拥有统一的形体和外观，并采用许多功能指标的理性方式来解决老人居住问题。绝大多数方案是围绕经济和工作人员的要求决定的，再辅之以看护和卫生的要求，从而不可避免地牺牲了居住者的需求。而新的理念则更新了任何养老设施设计的落脚点，强调老人住宅的设计更应注重反映文化和地区差异，着眼于为居住者提供的生活质量，使老人们得以独立地并依照自己的方式生活。与此相比，我们的相关研究仍然处于引介的阶段。

"老人住宅"只是一个楔子，这个论题的潜台词不止在此。住宅在今天到底意味着什么？我们对住宅的期望在哪里？又如何令其转变为现实？实际上，这也是《住区》存在的意义，我们所有的努力实践，均可以看作从各个角度对以上的问题答案的追寻。我们不妨看看"地理建筑"栏目所介绍的各种粗放朴实、因地制宜的居所形制，是否在某些方面比我们的商品住房更有资格称为"住宅"。当我们的从业者真正能够如此放低身段，细致入微地体察个体的需求并堪当实现大众诉求的重任，问题的答案也就触手可及了。

DESIGN COMMUNITY
总第38期 04/2009

图书在版编目（CIP）数据

住区.2009年.第4期：老人住宅/《住区》编委会编.
北京：中国建筑工业出版社，2009
ISBN 978-7-112-11148-0
I.住... II.住... III.住宅-建筑设计-世界
IV.TU241
中国版本图书馆CIP数据核字（2009）第 121525 号

开本：965X1270毫米1/16　印张：7½
2009年8月第一版　2009年8月第一次印刷
定价：36.00元
ISBN 978-7-112-11148-0
(18401)
中国建筑工业出版社出版、发行（北京西郊百万庄）
各地新华书店、建筑书店经销

利丰雅高印刷（深圳）有限公司制版
利丰雅高印刷（深圳）有限公司印刷
本社网址：http://www.cabp.com.cn
网上书店：http://www.china-building.com.cn
版权所有　翻印必究
如有印装质量问题，可寄本社退换
（邮政编码 100037）

目录

特别策划 / Special Topic

05p. 老年人住宅课程教学经验及设计成果总结　周燕珉 段威 王富青
Summary of An Elderly Housing Design Course and Projects　Zhou Yanmin, Duan Wei and Wang Fuqing

主题报道 / Theme Report

17p. 通用设计的定义、原则和指南
Universal Design - Definition, Principles and Guidelines　Molly Follette Story

18p. 全球老龄化问题下创新性的规划与设计方案　大卫·兰尼
Innovative Project Solutions for A Global Aging Problem　David Lane

22p. 全球老人住宅政策框架及资金模型　大卫·兰尼
Global Elderly Housing Policy Frameworks and Funding Models　David Lane

26p. 我国城市居家及社区养老居住模式探讨　周燕珉 张璟 林文洁
An Investigation on Residential and Community Aged Care Models in China　Zhou Yanmin, Zhang Jing and Lin Wenjie

32p. 香港住宅通用设计规划和空间设计指南　香港房屋协会
Planning and Spatial Design Guidance on Housing Universal Design in Hong Kong　Hong Kong Housing Society

38p. 香港颐乐居　香港房屋协会
Jolly Palace, Hong Kong　Hong Kong Housing Society

44p. 面向老年人口的居住建筑设计　薛鹏程 于鹏
——烟台市老年福利服务中心设计分析　Xue Pengcheng and Yu Peng
Residential Building Design for the Elderly People
Analysis on an aged care and service center in Yantai

48p. 为孩子的设计　袁野
——北京城市住区儿童户外游戏行为与环境观察报告　Yuan Ye
Design for Children
A field report on outdoors playgrounds in Beijing's residential districts

58p. 挪威的老年人住房　凯林·怀兰
Housing for elderly in Norway　Karin Høyland

64p. 苹果花园老人住宅，萨普斯堡，挪威　凯林·怀兰
Eplehagen, Sarpsborg commune, Norway　Karin Høyland

67p. 布洛塔居住与活动中心，尼德莱艾凯，挪威　凯林·怀兰
Bråta bo-og aktivitetssenter, Nedre Eiker municipality, Norway　Karin Høyland

70p. 哈斯塔忒耐老人住宅，特隆赫姆，挪威　凯林·怀兰
Havstadtunet, Trondheim, Norway　Karin Høyland

72p. 孟泽斯老人住宅，马尔文，澳大利亚
Menzies, Malvern, Australia

78p. 新拉彻伍德老人住宅，布莱顿，英国
New Larchwood, Brighton, UK

CONTENTS

大师与住宅 — Design Master and Housing

82p. 分形视野下的住宅设计 — 陈悦洁
——埃森曼的空间分形与赖特的立面分形
Housing Design Under the Influence of Fractal Geometry
Eisenman's Spatial Fractal and Wright's Facade Fractal — Chen Yuejie

地理建筑 — The Architecture of the Geography

93p. 安居乐业黄土峁——碛口窑洞 — 汪 芳 郁秀峰
Comfort Living at Loess Hill - Cave Dwelling in Jikou — Wang Fang and Yu Xiufeng

98p. 只闻人声不见人——地坑院 — 汪 芳 郁秀峰
Heard but not Seen - Sink Yard — Wang Fang and Yu Xiufeng

居住百象 — Variety of Living

102p. 当理性遭遇感性 — 楚先锋
——住宅产品的设计研发是技术和艺术的结合
When the Rational Meets the Sensible
Housing R&D work is the synthesis of technology and art — Chu Xianfeng

住区调研 — Community Survey

106p. 关于中国主要城市既有住宅现状的研究 — 周静敏 张 璐 薛思雯 徐伟伦 朱兆阳
——居住评价与意向调查的启示
Currant Situations of Urban Housing in Major Cities in China
Conclusions on Residential Evaluations and Outlook — Zhou Jingmin, Zhang Lu, Xue Siwen, Xu Weilun and Zhu Zhaoyang

住宅研究 — Housing Research

110p. 对市场主导下政府干预居住社区商业设施配置的探讨 — 陈燕萍 李亚晴
An Investigation on the Distribution of Commercial Facilities in Housing Communities — Chen Yanping and Li Yaqing

116p. 建筑师在城市低收入阶层住宅供给中的作用 — 王 茹
Architects' Function in the Low-income Housing of Cities — Wang Ru

资讯 — News

120p. 从"住房可承受性"到"住房公共政策" — 住区
——从《中国低收入住房现状及政策研讨会》看中国社会住房研究的转向
From "Affordability" to "Public Policy"
The shift of focuses in housing studies in China observed from Symposium on Low-income Housing in China: Current Issues and Policy Design — Community Design

封面：图片由香港房屋协会（《香港住宅通用设计指南》）提供

住区 COMMUNITY DESIGN

联合主编：中国建筑工业出版社 清华大学建筑设计研究院 深圳市建筑设计研究总院有限公司
编委会顾问：宋春华 谢家瑾 聂梅生 顾云昌
编委会主任：赵 晨
编委会副主任：孟建民 张惠珍
编委：（按姓氏笔画为序）
万 钧 王朝晖 李永阳
李 敏 伍 江 刘东卫
刘晓钟 刘燕辉 张 杰
张华纲 张 翼 季元振
陈一峰 陈燕萍 金笠铭
赵文凯 邵 磊 胡绍学
曹涵棻 董 卫 薛 峰
魏宏扬

名誉主编：胡绍学
主编：庄惟敏
副主编：张 翼 叶 青 薛 峰
执行主编：戴 静
执行副主编：王 韬
责任编辑：王 潇 丁 夏
特约编辑：胡明俊
美术编辑：付俊玲
摄影编辑：陈 勇
学术策划人：饶小军
专栏主持人：周燕珉 卫翠芷 楚先锋
范肃宁 汪 芳 何建清
贺承军 方晓风 周静敏
海外编辑：柳 敏（美国）
张亚津（德国）
何 崴（德国）
孙菁芬（德国）
叶晓健（日本）

理事单位：中国建筑设计研究院
北京源树景观规划设计事务所 R-Land
理事成员：胡海波

澳大利亚道克设计咨询有限公司 DECO-LAND
理事成员：

北京擅亿景城市建筑景观设计事务所 Beijing SYJ Architecture Landscape Design Atelier
www.shanyijing.com Email:bjsyj2007@126.com
理事成员：刘 岳

华森建筑与工程设计顾问有限公司 HSA ARCHITECTS
理事成员：叶林青

协作网络：http://www.abbs.com.cn

特别策划
Special Topic

各个国家和地区的社会结构、经济条件与文化背景千差万别，由此衍生出的养老模式也各自不同。我国是人口大国，随着老年人口的激增，政府无法负担、支持一个全面制度化的养老看护服务。再加上我国的家庭属性往往异于国外个体的独立个性，因此在宅养老成为中国老人居住的主要模式。但我们却看到，国内现有住宅在全寿命的规划、设计、使用等方面考虑很少，较难适应老年人生活的需求。从这个层面来讲，决定了"老年人住宅空间实用性改造"的急迫性和重要性。而我国老年人住宅设计恰又刚刚起步，积累的经验少，急需高等院校和设计院所加强研究，通过教育提高学生、设计人员在老人居住建筑方面的设计能力。有鉴于此，清华大学建筑学院迈出了在老人住宅设计方面高校教育探索的第一步，即本期特别策划报道的"老年人住宅课程"。

该课程由清华大学建筑学院周燕珉教授执教，通过讲座、实践调研和课程作业相结合的形式全面、详尽地介绍了老人住宅设计的方方面面，在国内建筑院校中处于领先地位。其中"实践调研"和"老年人住宅空间实用性改造"等环节尤为值得关注。课程中鲜活的个案、深入的调研和务实的改造，向我们展现了老人在熟悉的空间中独立自主生活的场景，也揭示了老年人住宅设计的根本所在——提供便捷的空间与逸乐的老人生活。

老年人住宅课程教学经验及设计成果总结
Summary of An Elderly Housing Design Course and Projects

周燕珉 段 威 王富青 Zhou Yanmin, Duan Wei and Wang Fuqing

[摘要]面对我国的老龄化国情，研究设计适合老年人居住的住宅日益为社会所关注。本文介绍了清华大学建筑学院开设的"老年人居住建筑设计研究概论"课程的教学目标、教学内容、教学经验，以及部分学生的课程作业。笔者希望通过本文与广大建筑院校师生和建筑设计工作者探讨老人居住建筑的教学、设计方法，同时也分享部分教学经验和设计成果。

[关键词]老年人住宅、课程介绍、教学经验、设计成果

Abstract: Facing the aging trend of the society, research on providing suitable housing for the elderly is gaining increasing attention. This paper introduces "Elderly Housing Design Study" course at School of Architecture, Tsinghua University with its goals, contents, experiences and student projects, through which the authors anticipates to share the course's experiences and products and induce discussions on teaching and design methods of elderly housing.

Keywords: elderly housing, course introduction, teaching experiences, designing products

我国老龄社会发展快速，建造适合老龄人居住的住宅已经引起政府、开发商以及建筑设计院所的高度关注。由于我国老年人住宅设计刚刚起步，积累的经验少，急需高等院校和设计院所加强研究，通过教育提高学生、设计人员在老人居住建筑方面的设计能力。

为此，清华大学建筑学院于2005年起专门开设了"老年人居住建筑设计研究概论"的课程，旨在使学生了解并掌握老年人住宅的研究方法、设计规律和设计要点，除了集中讲授老年人住宅的设计方法外，还要求采取调研和设计相互结合的形式完成老年人住宅改造的课程作业。

下文主要从三个方面对该课程进行介绍：课程简介、课程教学经验总结、学生作业形式及成果。

一、老年人住宅设计课程简介

"老年人居住建筑设计研究概论"是清华大学建筑学院的研究生课程，已经开设四年。下面从教学目标、教学内容和课程作业三个方面简要介绍该课程。

1. 教学目标

该课程的教学目标主要有三个部分：首先通过课堂教学，使学生了解世界和中国老龄化的整体情况，掌握老年人建筑设计的方法和注意要点；其次通过调研，了解身边老人真正的居住需求，学习和掌握调查研究的方法，同

时在与弱势群体的交流中培养学生作为一名建筑师的责任感；最后在调研的基础上对住宅进行适老化改造，亲自实践老年人住宅的设计方法，探索其中的设计规律。

2. 课程内容

"老年人居住建筑设计研究概论"课程的学时共8周，并在课程期间组织一次老人院或者康复中心参观。课程的内容分别是：

（1）世界和中国的老龄化现状、老人居住需求研究前沿介绍。具体讲解日本、欧洲、美国以及我国的老年人住宅情况，并介绍老年人居住问题的研究视角与研究方法。

（2）老人的身心特点和无障碍设计要求。具体介绍老年人身体特点，老年人的主要人体工学数据，无障碍设计的具体要求以及设计中常见的错误和国内老年人设施现状。

（3）老年人设施的设计要点。具体介绍老年人护理设施和康复设施的设计要求和要点，包括国外的先进经验。

（4）老年人住宅的设计要点。以中国老人需求为基础，介绍老年人住宅中各空间特别是厨卫、卧室等的具体设计要求和注意事项。

（5）日本老年人居住建筑专题。介绍日本老龄化问题和经济状况、保险政策的意义与推行现状、老年人居住建筑的种类和发展趋势以及智障老人居住需求研究成果。

（6）国外老年人建筑的发展趋势及优秀案例分析。具体向学生们介绍日本、欧洲和美国等地的老人公寓和老人住宅的优秀设计案例。

（7）外聘有关专家讲课。聘请国内外老人院经营管理或老年研究专家给学生们讲授最前沿的老年研究方法、研究成果和发展趋势，拓宽学生视野。

（8）老年人住宅设计作业交流讲评及现场无障碍体验。这是老年人住宅的最后一次课程，在课上，教师结合现实的案例和学生的作业进行分析，与学生开展广泛的讨论，并为学生提供轮椅、拐杖等器具，让学生体验无障碍设施使用的难点。

图1是课程内容节选。

3. 课程作业

课程中安排了一定量的作业，其组织形式是：从第三次课开始，要求学生拟定老人住宅使用调研提纲，并进行课下的实地调研；从第四次课开始要求学生分别提交户型改造的设计草案，在每节课的最后进行讲评，并利用最后一次课进行集中方案评比汇报。

（1）调研提纲。结合课程的讲解内容，要求学生拟定调研对象，提出调研方法以及时间安排等。

1.老年住宅课程的课件（节选）

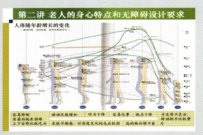
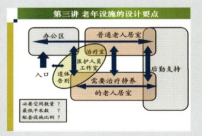

第一讲 世界老龄化现状、老人居住需求研究前沿　　第二讲 老人的身心特点和无障碍设计要求　　第三讲 老年设施的设计要点　　第四讲 老年住宅的设计要点

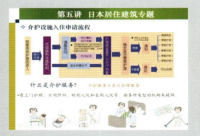

第五讲 日本居住建筑专题　　第六讲 国外老年建筑的发展趋势及优秀案例分析　　第七讲 外请老年专家讲演　　第八讲 设计作业交流讲评及无障碍体验

（2）实地调研。要求学生对自己身边老人的居住环境进行调查。让学生真实地了解老年人的居住需求，发现现有住宅中不利于老人居住的地方，为后期的改造设计提供依据。实地的调研成果要求采用访问、观察记录、实景照片、总结分析等形式。

（3）户型改造设计。要求学生在所调研住房的现有结构和功能的基础之上，结合老年人的居住需求以及生活方式进行合理的户型改造设计，让住宅更加适合老人的居住需求。

户型改造设计作业的具体要求为：画出住宅原平面，住宅改造后的设计平面，卫生间、厨房等空间的平、立、剖面图，以及无障碍设计详图与设计说明等（鼓励计算机建模推敲）。

（4）成果汇报。在最后一次课上，每位学生用Powerpoint形式分别介绍自己的改造设计方案，教师参与进行讨论互评，最终提交纸质图纸，图纸规格为A3（420mm×297mm）。

二、老年人住宅教学经验总结

1. 连接教学与生活，引导学生掌握基础知识

老人住宅的设计形式与老人的生活息息相关，设计要建立在充分了解老人生理、心理特点以及活动、起居规律的基础上，因此课程不仅需要培养学生正确的设计观和设计方法，更需要培养他们敏锐体察生活的能力。在教学过程中，教师充分结合生活中的实际情况进行讲解，让学生们有一个形象、具体的感受，利于快速掌握理论知识及其在实际中的灵活运用。

如利用实验课，使学生模仿老人的身体老化特征，从而体会老人的生理变化，理解设计的原因和目的。

2. 组织参观老年人建筑，感知社会实际需求

教学中有一讲是安排参观老年人居住建筑。本学期，我们选择的是"北京乐成老年生活体验中心"。其展示的内容主要包括老人居室的样板间、老人康复及护理设备，以及老人的生活用品等。通过参观，学生们对实际的老人建筑和设施有了直观的认识。

在参观的过程中，除了听取工作人员的介绍外，老师还就现场的器具为学生进行演示，让学生对设计要点有切身体会(图2～3)。

3. 鼓励调查研究，掌握第一手资料

课程作业积极鼓励学生调查身边的老人，希望学生能理解亲自调研实际使用者的生活特点和居住需求对设计的意义。

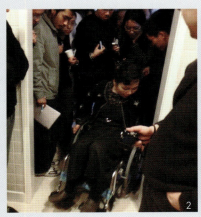

2、3.教师实地演示老年设施并进行讲解

4.调研访谈记录选例一（图片来源：选自赵曈的课程作业）

5.调研访谈记录选例二（图片来源：选自郝石盟的课程作业）

鼓励调研身边老人的原因主要是因为学生对他们的生活习惯和性格基本了解，交流起来比较方便。同时通过学生与老人的深入交流，可以加强彼此的了解，增进二者之间的亲情关系。

课程要求学生对老人的生活环境和生活习惯进行细致的询问和观察，对老人居住的房屋进行详细的测绘（包括家具和物品的摆放），并且通过访谈了解老人日常的起居规律和习惯偏好，最终将这些调研结果用图示和表格等形式明确地表达出来（图4~5）。

最后，调研访谈的内容和测绘的图纸将作为改造设计的基础。通过先调研后设计的方式，培养学生根据老人的要求、房屋现状结构以及功能条件等进行设计的习惯。

4. 创造与老人交流的机会，培养学生的使命感

随着家庭居住的分离化，学生们平日与老人生活接触的机会越来越少，尤其是进入大学学习之后，与老人的交流就更少了。由于缺少深入的交谈和细致的观察，多数学生反映对身边老人的生活困难不太了解，对他们的晚年生活知之甚少。

课程作业的调研要求学生深入与老人交流互动，弥补他们在生活体验方面的不足（图6）。学生们采访的老人有着学历、民族、家庭背景和生活习惯的差异。在采访过程中，学生们对老人的真实生活和切身需要有了深刻的了解，通过聆听老人的谈话，体会老人内心的精神世界，唤起他们对弱势群体的关心，培养他们作为建筑师的社会责任感。

6.老人住宅实地调查照片

5. 分析学生特点，分组协作及对比研究

课程作业要求学生在充分调研的基础上，为老人们改造他们的居所。作业期间，要求学生分组协同研究。考虑到研究生的组成主要为一直在校学习的学生和有多年工作经验的学生两部分，笔者将两类学生组合，发挥其各自的特点和优势，商讨合作完成作业。

作业的评比采用老师课上讲评、学生之间互评以及最后一次课上集中各小组对比研究与展示三种方式，通过其有机结合促进学生不断完善自身的设计，并在修改中取得进步（图7）。

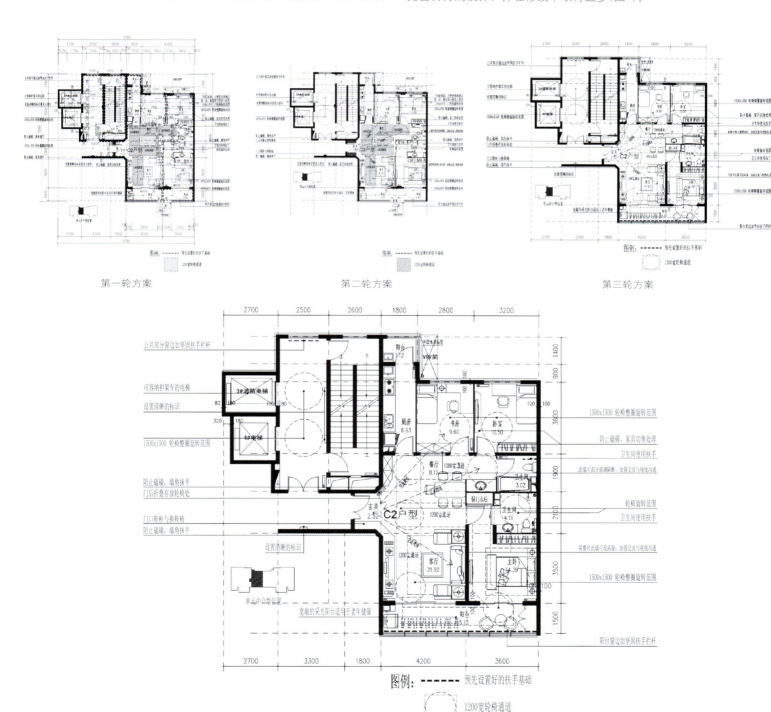

7.学生作业的多轮方案修改举例（图片来源：选自赵楠的课程作业）

三、学生课程作业总结

学生们通过老年人住宅设计的课程学习以及设计训练，基本掌握了老年人住宅设计的基本原则和方法，取得了良好的教学效果。与此同时，学生们在户型改造设计的过程中发挥自己的创造力，提出了很多切实可行的方法，其中有很多闪光的亮点。

下面笔者通过四个作业，以案例展示的方式向大家介绍学生在课程作业中运用的研究方法和设计成果。首先会简要介绍案例的背景和主要调研成果，其次介绍针对该案例得出的设计要点，并以图示配合说明。

案例一：注意卫浴空间的安全设计，方便老人行动（选自段威的课程作业）

案例背景

外婆今年75岁了，她40岁左右就失去了外公，从那以后，她就一直独立地支撑着一个家，独自带大了三个孩子，我的舅舅、妈妈和小姨。

但是外婆很特别，她从不愿跟她的子女们住在一起，怕麻烦子女而影响他们的生活。外婆还有洁癖，在她曾经居住了数年的屋子的地面上，可以清晰地看到砂浆，甚至是碎石混凝土，因为她每天都会很认真地擦地，面层早被她擦没了。这也许是外婆排忧发泄的一种方式吧，她喜欢这么做，家人也都理解她。

外婆老了，她的手臂在一次意外后就不再好使了，眼睛也慢慢患上了白内障，视力受到很大影响。但是外婆还是要求一个人住，她喜欢忙完所有的事情后，静静地在阳光下休息。

外婆以前一直一个人住在老宅子里，如今我们给她买了一套两居室的新房子。针对新住宅的内装设计，我想要充分为外婆着想，做得细致些。她长期劳动，腿脚已经不太好使了，将来会需要轮椅，因此要考虑无障碍设计。此外，外婆喜欢淋浴，因为她认为浴缸"不干净"，所以还要为她设计一个安全方便的卫浴空间。（节选）

调研成果（图8）

设计改造

当前住宅中存在的问题：

1. 卫生间为平开门，门口空间局促，轮椅很难进入；
2. 卫生间的门朝向起居室，老人需要出卧室再进入卫生间，动线比较长；
3. 未设任何安全扶手，缺乏安全措施，卫生间内空间局促且不能实现轮椅转圈；
4. 卫生间没有干湿分区且浴室未设座椅，洗澡时老人只能坐在坐便器上擦洗，洗完后穿衣不便。

设计改造的主要方面（图9～13）

安全是卫生间设计的重心，在仔细考虑扶手等设施的尺寸和位置的同时，还要关心洗澡、穿衣、如厕等细节，按照老人使用的习惯设计。

1. 卫生间的门全部改为推拉门，方便老人将来坐轮椅时使用；
2. 根据老人行动的动线，设计扶手的位置和尺寸，保证其行走和起坐时的安全和借力；
3. 干湿分区，浴室采用淋浴，并且为老人配备洗澡凳，方便老人擦洗时使用；
4. 为老人准备搁置衣物的小平台，并配备穿脱衣时的小凳；
5. 扩大卫生间的面积，满足轮椅转圈的需要；
6. 围绕卫生间设计回游空间，方便老人使用轮椅进出。

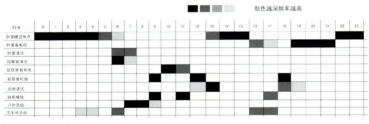

8.案例一老人作息调查表

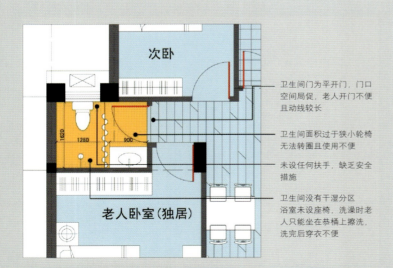

9.案例一卫生间改造前平面

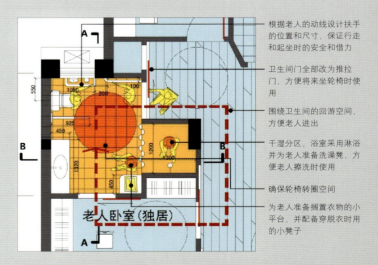

10.案例一卫生间改造后平面

11.案例一住宅改造设计前后平面对比（图中红色线框内为卫生间改造部分）

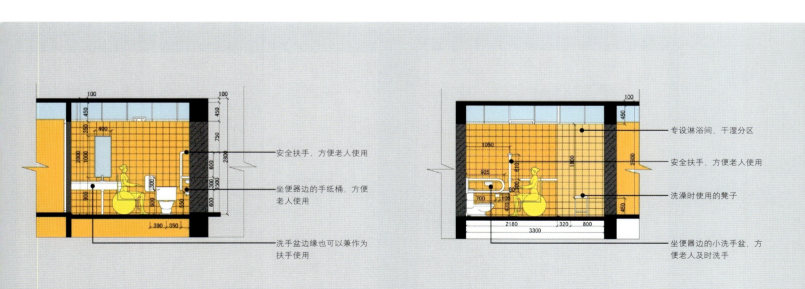

12.案例一卫生间改造后A-A剖面

13.案例一卫生间改造后B-B剖面

案例二：适当设计回游路线，人性关怀老人生活（选自康惠丹的课程作业）

案例背景

调研对象位于广东省江门市，在一栋一梯两户6层住宅楼的四层。这个住宅是男主人复员转业分配的干部宿舍，建筑面积（不含公摊）为126m²，四室两厅两卫。在1986年入住时，家庭中常住的是男女主人以及三个未出嫁的女儿。后来女儿都出嫁了，老两口就在1997年将房间重新装修以适应自己的生活。男主人80岁，患有轻度高血压、长期的多发性皮肤过敏以及老花眼等病症；女主人76岁，有耳背和老花眼的现象。二老生活完全自理，没有雇保姆。几个女儿每周都会抽时间来探望，送水果和生活用品等。但是考虑到两位老人年事已高，特别是男主人将来可能需要使用轮椅，现有的住宅很多方面已经不能满足二老的需要了，因此女儿们希望改造这间住宅，设计适合父母今后生活的空间。

调研成果（图14）

设计改造

当前住宅中存在的问题：

1. 二老需要分床睡觉，但是有一间卧室是朝北的，长期没有阳光；
2. 住宅内走道狭窄，路径复杂，轮椅使用不便；
3. 两间卧室的老人去卫生间都特别麻烦；
4. 储藏室的位置很不合理，用处不多还占用了大量的空间；
5. 卧室和起居室之间相隔较远，家人很难随时看到老人的情况，必须进入老人卧室，影响其私密性；
6. 平开门开启时占用了大量的空间，如需要坐轮椅将不便开启。

设计改造的主要方面（图15～16）

在老年人住宅中，充分利用现有结构进行调整，创造室内回游线路，既可以增强住宅的空间趣味，又可以为照看老人生活创造条件。

1. 改造空间的布局，将南面的书房和北侧的卧室对换，创造室内回游路线，连通两位老人卧室，为老人的交流创造条件；
2. 保留原有的坐便器位置不变，将卫生间的位置调整到现在的化妆间处，同时，将北侧的剩余空间用作书房的书库；
3. 将平开门改为透明的推拉门，让家人可以方便地观察老人的状况，这样既可以为照顾老人创造条件，又不会影响老人房间的私密性；
4. 适当增加室内的窗洞，让视线贯穿整个住宅，家人在厨房、起居室和卧室都可以互相通过视线交流，创造与老人交流的机会。

15.案例二改造前住宅平面

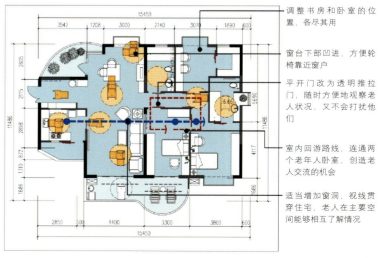

16.案例二改造后住宅平面

14.案例二调研成果

案例三：适当调整面积分配，给老人的爱好留出空间（选自塔林的课程作业）

案例背景

我家的住宅建筑面积97m²，妹妹不常回家，而我又在外地求学，因此，大部分时间都是父母独自居住生活。

母亲以前在大学做老年人工作，喜欢上了做手工艺。退休后除了日常家务外，母亲每天会有固定的时间摆弄花草和手工艺，她尤其喜欢一边看电视一边做，因此家里必须要有地方放做花的工具与很多花瓶。母亲也喜欢自制食品，对厨房的使用"效率"要求高，希望能有更多的操作台面。

收藏是父亲最大的爱好，他的空闲时间几乎都花在这上面了，因此，专门为他设计一个陈列藏品的空间很重要。同时，父亲也喜欢看书，需要为他安排一个可以安静读书的地方。

父母两人共同的习惯就是吃饭时一起看电视，因此一般都是在茶几上吃饭，餐桌上常常放满了妈妈的手工艺品和花草。由于一些民族习惯（父母都是蒙古族），父母都喜欢在地毯上坐着看书和聊天，因此，在陈列空间铺设地毯也是我想要为他们做的。（节选）

设计改造（图17）

当前住宅中存在的问题：

1. 老人有收藏的爱好，但是没有空间展示他们的藏品；
2. 餐厅闲置，老人喜欢边看电视边吃饭，一般在茶几处用餐，餐厅处成为堆放大件杂物的地方；
3. 为女儿准备的次卧由于她长期不在家而闲置，桌上堆满杂物，房间利用率低；
4. 女主人需要制作手工艺的地方，也需要更多的厨房操作台面。

设计改造的主要方面（图18～19）

老人一般都有自己的特别爱好，在局促的户型中，我们不妨调整一下面积的配比，减少一些不常用的空间面积，为老年人的特别爱好留出空间。

1. 设计进深大而宽的展示架以便陈列藏品。由于老人的民族习惯，在展示架下铺设地毯，既满足二老的民族习惯，也为老人提供了聊天和读书的空间。
2. 缩小次卧的面积，将原来的餐厅作为老人陈列的空间，为他们的爱好留出专门的区域。餐厅则被移到次卧的墙边，在满足老人爱好的基础上兼顾餐起功能，也为女主人制作手工艺提供了场所。

17.案例三老人住宅平面分析

18.案例三改造前住宅平面

19.案例三改造后住宅平面

案例四：注重家具位置安排，既实用又兼顾安全（选自王珊的课程作业）

20.案例四改造前住宅平面

21.案例四改造后住宅平面

案例背景

这套房是3年前买下的，刚搬进去1年多。男女主人经济条件不错，购房时已经考虑了三代同堂、五口之家的特点，选购了小区里最大的一套户型。该住宅户型面积大、房间多、景观朝向好，其最重要的使命就是让男主人的母亲（以下称奶奶）和女主人的母亲（以下称外婆）两位老人安度晚年。两位老人都有自己的爱好，外婆喜欢养花，奶奶则喜欢看电视。

喜欢养花的外婆年龄大了，搬动花盆很困难。想换一换室内外的花，需要从卧室搬到客厅，从客厅搬回卧室，路程曲折。而且家中也没有为外婆专门设置养花的地方，她经常把花盆放在室内的地上，这样既占了地方又存在安全隐患。

喜欢看电视的奶奶总是在卧室里活动，不大出门交流，她经常也想跟家人一起看电视。但是起居室的台阶总是拦住了去路，她嫌上下台阶太麻烦了，因此常在卧室看电视。奶奶腿脚不灵便，不久的将来可能会使用轮椅，这样就更不能常出卧室了，这也是在设计中需要特别解决的问题。（节选）

设计改造

当前住宅中存在的问题：

1. 住宅内走道空间宽裕，但是未设任何扶手等安全设施，老人行动存在安全隐患；

2. 老人有养花的爱好，但是没有为老人设计专门的养花场所；

3. 转角空间闲置，没有充分利用这些潜在的储物空间；

4. 起居室下沉，虽然设置了扶手，但是三级台阶还是成为了老人行动的障碍，特别是当老人需要使用轮椅时，这个问题将会更加突出。

设计改造的主要方面（图20~21）

在老年人住宅设计中，事先在家装中将扶手和家具进行适当的配合设计，既要满足储物的实用功能，还要兼顾对老人的安全保护。

1. 沿着墙面在过道中增设扶手，让老年人在家中随处都有可以扶靠的设施；

2. 在转角处增设部分低矮的家具，可以兼作扶手使用。同时，将部分原有家具更换为低矮一些的，便于老人倚靠，可以达到一举两得的效果；

3. 利用卧室的空调室外机位，在机位上架设金属架，让老人有养花的台面。在起居室内的窗边增设台面，一方面让老人养花，另一方面可以兼作扶手使用；

4. 在起居室台阶处增设小台，老人可以坐在这个伸出的部分看电视，而不必下台阶，同时，这个小台的下部也可以为储藏提供空间。

四、结语

针对我国老龄化快速发展的国情，老年人住宅的设计、研究与教学正变得越来越重要，并且在今后将成为一项艰巨而长久的工作，需要各界人士的共同努力。通过本文介绍的课程概况，希望能为设计院相关设计、建筑院校的此类教学提供参考。此外学生们在调研和设计中的一些富有生命力的见解和创新点，具有启发意义，也希望与大家分享。最后，望各界同行对我们提出宝贵意见。

作者单位：清华大学建筑学院

主题报道
Theme Report
老人住宅
Elderly Housing

一直追随我们的读者必定记得,《住区》曾在创刊的2001年对"老人住宅"有所涉及。数年弹指一挥间,当我们再次面对这个专题时,中国老人居住问题的探讨确有一些实际的进展,如在建筑高校中设置的老年人居住的专题课程,以及在市场体系下的老人社区项目等。但结合我国老龄化步伐坚实而迅捷的背景,挑战依然严峻——我们如何才能觅得令自己老有所依的居所?而这样的居所又需要多少投入才能实现?

我们期望住宅在建造观念、形式、材料与工法不断推陈出新的同时,也能有恪守不移的标准,代表着一种普遍规范,而不似魔术师的道具般闪烁其间,令人不明所以地猜度。毕竟,全方位、阶段性、长时期地保护并适用于内在的居住者才是住宅之所以成为住宅而存在的根基。因此,在我们习惯纵向地以收入划分住宅供给链条的同时,亦应该横向地关注个体生命各个周期内的住房需求变化,这也是左右我国住房市场成熟与完善的重要因素。

通用设计的定义、原则和指南
Universal Design - Definition, Principles and Guidelines

Molly Follette Story

定义

通用设计是一种在最大程度上，无需调整和特殊手段便使得产品和环境尽可能被所有人使用的设计。

"通用设计"的概念是由一群美国建筑师、工业设计师、工程师和环境设计师提出的，伴随其定义的还有七项原则，用以评价现有设计与指导设计过程，也可以帮助设计者和消费者认识使用性更好的产品和环境所具备的特点。这个小组的成员通过以下形式表达了这七项原则：

需要注意的是，七项原则并不一定适用于所有设计，因为"通用设计原则"关注的只是设计的使用性，而使用性仅仅是设计的一个方面。在应用"通用设计原则"的同时，设计者必须结合其他方面的因素进行考虑，例如经济、工程、文化、性别和环境等。而"通用设计原则"可以帮助设计者更好地在设计过程中整合建筑的各种特性，以尽可能地满足更多使用者的要求。

* 翻译：王韬

* 来源：Molly Follette Story, "The Principle of Universal Design", in Preiser/Ostroff(ed) Universal Design Handbook

七项原则

名称	定义	导则
1.平等使用	设计对于各种能力的人群都是可以使用和值得购买的	1a. 对所有使用者提供相同的工具：尽可能地相同，难以做到相同时要保证等同 1b. 避免隔绝和歧视任何使用者 1c. 向所有使用者平等地提供私密性、保障性和安全性 1d. 使设计对所有人都有吸引力
2.使用灵活性	设计可以最大范围地满足广泛的个性偏好和个人能力	2a. 提供使用方法上的不同选择 2b. 使习惯使用左手和右手的人群都可以获得和使用 2c. 帮助使用者实现精确操作 2d. 提供对于使用者节奏的适应性
3.简单和直观使用	无论使用者具备何种经验、知识、语言技能和注意力集中程度，使用方法对他们来说都是容易理解的	3a. 消除不必要的复杂性 3b. 设计与使用者的预期和直觉保持一致 3c. 满足不同的文化程度和语言能力 3d. 按照其重要程度排列信息 3e. 在功能实现过程中和完成后，提供有效的提示和反馈
4.可察觉信息	无论环境条件和使用者感知能力如何，设计都可以与使用者有效地交流必要信息	4a. 使用不同方式（图像、语言或触觉）重复展示重要信息 4b. 使重要信息的可读性最大化 4c. 以可描述方式来标明要素（例如：使其容易给出指示和方向） 4d. 为残障用户使用的所有技术和设备提供匹配性
5.容错性	使危险以及事故和误操作产生的有害影响最小化	5a. 以最小化危险和错误的原则排列设计元素：最常用的部分最容易到达；消除、隔离或者屏蔽危险的部分 5b. 为危险和错误提供警示 5c. 提供故障安全特性 5d. 在要求谨慎操作的地方避免无意识的行动
6.低体力要求	可以使用最低程度的体力来有效和舒适地使用	6a. 允许使用者保持放松的身体姿态 6b. 操作动作所需力度要合理 6c. 最大程度减少重复动作 6d. 最大程度减少身体持续用力
7.接近和使用的尺寸和空间	为各种体型、姿态和活动能力的使用者设计合适的接近、到达、操作和使用的尺寸和空间	7a. 为使用轮椅或站立的使用者提供开敞的视野 7b. 让使用轮椅或站立的使用者都可以舒适地到达各个部分 7c. 满足不同手掌尺寸和攀握尺寸的要求 7d. 为使用辅助设备或人工帮助提供适宜的空间

- 名称：关于该原则核心内容的一个简洁的、容易记住的表述；
- 定义：对于该原则指导设计要旨的一个简洁描述；
- 导则：一个围绕该原则制订的、需要整合进设计过程的重要元素的清单。

全球老龄化问题下创新性的规划与设计方案
Innovative Project Solutions for A Global Aging Problem

大卫·兰尼 David Lane

[摘要]全球老龄化进程日益加快，传统的医院养老看护也开始转为提供选择范围更广的、更家庭化的设施。本文介绍了在新的设计哲学——社会建筑学引导下，创新的老人住宅起居解决方案及未来趋势，为该课题研究展示了广阔的前景。

[关键词]社会建筑学、老人住宅、健康养老、社区看护

Abstract: With the global trend of entering an aged society, traditional aged care solutions are changing into a wider range of family oriented choices. The article introduces innovative project solutions for elderly care and accommodation under the guidance a new design philosophy - social architecture.

Keywords: social architecture, elderly housing, community care

一、新的设计哲学——社会建筑学

在过去的10~15年里，许多国家从仅提供医院式的养老看护转向了提供选择范围更广的、更家庭化的设施。在亚洲，除了专门化的住宅和养老设施的设计和建造，很多时候需要对现有医院、住宅和其他建筑进行改造，以满足老人看护和退休生活的需要。

在任何一个国家，需要家庭和社区提供密集生活帮助的老人（包括有重疾病的、残疾的或者患有老年痴呆症的老人）都是少数。事实上，在澳大利亚只有不到7%的老人需要此类看护。类似的，绝大多数的亚洲老人也都不需要长期的密集看护。在西方，一些人的解决办法是搬入养老社区，在亚洲这种选择也同样是一个持续增长的潮流。但是，对于大多数亚洲国家，长期密集看护仍然是一个相对较新的概念，更不用说"养老村"(retirement village)了。其结果是，许多西方早期产品往往在很多方面非常新鲜但在文化上并不适宜亚洲，在设计和服务方面犯了很多错误。

考虑到亚洲的老龄人口将急剧增加，在未来25年里，所需较高生活看护程度的老人数量也将猛增。针对那些需要特别看护的老人，例如老年痴呆症患者和残疾人，亚洲国家急需创造性的解决方案，以获得居住设施设计、建造和运营方面的建议和支持。其挑战在于如何找到文化上适宜的方案，以避免盲目照抄那些在澳大利亚、美国和欧洲一些国家已经发展成为数十亿元规模的养老产业。

在亚洲许多国家，有明确的证据显示政府无法负担，也不愿意支持一个全面的制度化养老看护制度。那么，"养老村"的发展应该具有哪些重要的特点，可以使老人不用依赖专门化设施呢？

无疑，特殊的策划措施为具有更好的看护和居住条件的建筑的出现创造了条件。在这里，笔者使用"社会建筑学"(social architecture)这个词来明确地定义策划的核心目标。

"社会建筑学"可以被定义为从最终使用者的角度对建筑进行的一种专门化分析。建筑及其提供的服务应该从细节上充分反映对居住者日常生活行为的考虑，以满足他们的意愿和需求。

事实上这个目标非常简单，并可以通过询问如下问题来理解——"如果我们是建筑的最终使用者，我们会期望被如何对待？"我们需要特别声明，这实际上是一种和多数规划师和建筑师所采用的、以美学素质为最终目标的设计方法完全不同的策略。

传统设计策划对于养老社区或者健康看护建筑中的许多功能指标采取了一种严格的理性方法。其结果是，绝大多数解决方案是围绕经济和工作人员的要求决定的，再辅之以看护和卫生的要求。具有讽刺意味的是，在大多数国家这种方法却不可避免地牺牲了居住者的需求。

我们通常认为文化因素会影响我们的生活方式，并随着年龄的增长塑造我们的期望和行为。因此，每个国家的老龄人口都有着独特的对于生活方式的期望。有意思的是，虽然每个国家都强调其独特性和文化属性，但是总体而言，从历史上看，全世界的健康机构对于老人的住所要求都采取了一种相同的做法——机构化。

"机构化设计倾向于拥有统一的形体和外观。而建立在社会模型之上的住区设计更注重反映文化和地区差

异。"

这也进一步加强了一个认识：政策和体制对于期望和结果的影响力大于文化因素。简言之，经济形势和项目可行性常常会压倒文化独特性和当地社区的需求。

任何养老设施设计的落脚点都应该在于为居住者提供的生活质量。这触及了一些非常重要的问题，例如：选择的自由、尊重、私密性和尊严，而这些个人生活中非量化的重要因素非常难以在一个严格控制的、机构化的系统下实现。许多国家的经验已经证明，相对于医院，这种看护在社区环境下可以得到更合适的解决。我们发现，为最终用户提供一个幸福的、宜居的环境将使一个项目中的所有利益（包括经济利益）最好地被实现，其结果将是一种成功的、可承受的高质量生活。

尽管这是一个简单的哲学问题，但它对于任何充斥了各种规章、官僚主义和利益冲突的产业都形成了巨大的挑战。用一种简单和成本效率最高的方式，提供真正的、从根本上反映文化独特性并尊重个性需求的服务（和看护）是极其难以实现的。然而，在设施、设计、教育、培训和管理等层面上的创造性解决方案已经证明，经过一定时期，具有良好经济效果的、高质量的成果是可以获得的。

二、老人住宅和起居解决方案

简而言之，在老人们越来越依赖看护和（或）帮助时，在社区内为他们提供住房有三种基本做法，分别是：
- 机构化居所——疗养院/医院/看护起居中心
- 集中的老人社区——养老村
- 普通住房——住房单元/住宅

1.机构化居所

为老人建立专门养老建筑的方案注定了政府在资本和社会基础设施上的巨大投入。大多数为老人提供"疗养院"的国家，要么直接补贴此类设施的建设，要么建立一个投资机制使得运营此类设施的私人或慈善机构可以最终收回投资。

2.养老社区或养老村

在西方国家，发展特定年龄人群的聚居社区或者养老村是相当流行和常见的做法。但是，我们需要理解这种设施受到欢迎背后的原因。例如在美国，寻求搬进养老社区的退休人士的比例不断增加，现在为10%～12%左右；在欧洲的一些地方和新西兰，比例相对较低，为6%～7%；而在澳大利亚这个比例低至3.5%～5%，但是处于增长之中。此外，搬入养老社区的费用支付方式也有很多不同：
- 月租——在美国的一些地方非常流行
- 长期租约——在欧洲和美国的其他一些地方非常流行
- 贷款/特许权——购买住房单元的费用以贷款的方式借给养老村的所有者，以换取一份在自然寿命内使用建筑的特许权

最后一种做法在新西兰和澳大利亚非常流行，避免了私有住房常见的运营与维护问题。这些统计数据说明，能否接受离开自己的家庭搬进养老社区不仅受到文化观念的影响，而且与不同国家历史形成的所有权形式相关。

例如在美国和欧洲的一些国家，私有住房的比例显著低于澳大利亚，在这些国家交纳房租的普及性远远高于澳大利亚这样即使按国际水平衡量私有住房比例也非常高的国家。拥有自己的住房是形成澳大利亚人精神期望的重要文化驱动力之一，因此，让其住民进入老年后主动放弃住房权而搬进养老村难以获得成功。而在美国和其他一些地方，这对老人来说只是从一种形式的租赁住房转换到另外一种租赁住房。

在欧洲的一些地方和亚洲的大多数地区，此类设施的发展并不常见，而且其很多方面在文化上被认为是不适宜的。对于穆斯林国家来说，情况也是如此，他们坚定地认为子女应该奉养老人。在中国，为了控制人口而设置的独生子女政策对历史继承的"孝顺"观念造成了困难，因为将来没有足够的年轻人为老人提供有效的看护。当年轻夫妇双方都必须工作以供养家庭的时候，这种情况会进一步恶化。

3.主流居住建筑

许多国家都出现了创造性的方案，为期望在自己的社区或家里养老的老人提供帮助。前面提到，研究中的一个常见现象是老人都希望能够与他们的社区保持联系。有许多人宁愿在非常简陋的条件下居住，也不愿意搬进舒适性更高的住所，这是因为害怕与亲戚朋友失去接触，从而与他们所属的社区疏离。为避免这种问题，一些政府花费了相当的代价来发展复杂的社区看护方案，使老人不需要为了获得帮助和看护而搬进机构化的环境，而是把看护引入老人居住的社区。从城市规划的观点来看，这个概念从根本上颠覆了将资源集中到一些点上（比如疗养院或者看护中心）的模型，取而代之的是一种更为分散化的社会模型。初步研究证明，这些方案不仅没有增加开支，而且在认真建设、精确管理的前提下可以提供成本效益很高的服务。

4.富裕阶层的居住建筑

世界各国养老政策中的一个有趣的现象是，通常低收入者由社会保障来支撑，富裕阶层可以随时购买需要的服务，而公共政策没惠顾的是中产阶级，因为公共开支为他们提供的帮助极其有限。通常政府设定的获得帮助的收入门槛过低，对他们来说没有任何意义。针对这种不平等，政府应该认真考察为中产阶级家庭和退休人士提供适宜的政策支持，这个问题非常严重和紧迫。

此外，所谓富裕阶层可以为自己寻找需要的服务这个宏观假设是社会政策的一个常见误区，多少金钱都不能创造一个积极的看护环境和一个有凝聚力的社会支撑网络。世界上有许多富裕的老人处于隔绝、孤独和为不被关心

而沮丧的状态。市场上的各个阶层都存在一个能否享有高质量设施的问题。产品可以是相似的，但是像市场其他领域一样，那些有更多可支配收入的人可以选择更多、更好的服务。在香港，许多富裕的老人有服务于他们的佣人，但是效果并不总是令人满意。许多佣人不会使用老人的母语与他们谈话，造成了交流障碍。事实上，对这些老人来说，社会交往比财富更为重要。

三、从老人建筑的设计看主动性政策设置

政府需要建立一个不断改善的、灵活的政策机制，涵盖住房、看护和服务。从建筑设计的角度来看，有一些积极方面是在所有不同类型的政策机制里都需要加以考虑的。

1. 灵活的政策

建立一套灵活的政策将挑战对于养老问题的传统认识，从而创造出独特有趣的设计方案。这样的政策应该是定性的而不是量化的。

2. 居住者成为核心

不断增长的对于居住者需求的认识使得服务提供方式取代了建筑类型成为决定性因素，同时也将增加对于服务灵活性的要求，并提高居住者对于个人空间的期望。

3. 居住尺度

成功的做法是将看护设施有机地整合进居住环境，从而接近那些老人所一直居住的地方。这种对"类家庭"式设计的强调将给老人和工作人员创造一个比以前更好的生活和工作环境。

4. 社区整合——更多的志愿者支持

亚洲和澳大利亚越来越相似的地方在于他们都倾向于向老人提供一种建立在社区基础上的帮助和服务。老人们如同属于一个大家庭那样，独立或者共同居住在一个较大的养老社区里。现在的政策应该集中于实现"就地养老"，其目标是使老人尽可能居住在自己的家中，最大限度减少搬进老人院所带来的精神冲击。这种政策对社区养老或住家养老提出了新的要求。和养老产业已经在服务提供上相当发达的澳大利亚等国家相比，在大多数亚洲国家，家庭或社区看护服务要么还不存在，要么尚处于萌芽期。设计可以强化和鼓励社区整合，进而带来志愿者支持的增加。全球社会的共识是老人希望被看作当地社区的一个组成部分，他们愿意一直和社区保持联系。显然，人员培训和相应的建筑方案可以帮助达成这个目标。例如，阿德雷德(Adelaide)的养老设施内设计了一个角落商店，由居住者和志愿者担任店员，为整个社区服务。

5. 成本效益——高质量的看护效果

相互竞争的利益给建筑师带来了压力，迫使他们寻找成本效益表现更好的解决方案，同时保证高质量的看护效果。这样的良性压力将激发创性的解决方案——带来多样性和更多的选择。

6. 对于社会模型的反复强调

许多国家的产业规范中（尤其是那些养老产业还处于萌芽阶段的国家），居住和看护体制还建立在一种医院模型的基础上，特别是当养老产业从医院文化衍生出来的时候。但是，近些年来，那些尝试过居住型社会模型的国家发现，这带来了更高的看护质量，因为它更提倡灵活性的建筑设计。在澳大利亚，更多的注意力投向了这种模型下的建筑设计方案。

7. 鼓励高效的员工系统

采取灵活看护的设施需要有效的人员配置，因为它的服务定位于个人需求，而并非一种程式化的工作模式。这也鼓励了对每一个居住者的看护最大化与每个工作人员的时间浪费最小化。为了使这个系统有效运转，建筑设计必须使工作人员的效率最大化。相比其他养老体制，对于看护和养老住宅的政策设置应该一直处于调整和评价之中，澳大利亚体制的优点就在于它总是在不断发展中。

四、老人住宅的发展趋势

下面笔者简短地描述一下未来10年将对老人看护和养老住宅产业发生重大影响的发展趋势。

(1) 看护
- 将看护服务与建筑类型相分离
——意味着服务提供者和建筑所有者(投资)角色的分离
- 低看护度"住家"方案的增长和高看护度"住家"服务的尝试
- 社区护理的增长和集中式健康服务的过剩
- 对于包含高度看护/多种看护设施的"核心看护"关注的增加
- 在非急性病领域对于保守疗法和痴呆症看护的关注

(2) 住房
- 城市中心注重"生活方式"的消费市场的增长
- 交叉和混合养老"生活方式"设施的增长，将老人看护设施引入养老社区
- 城市中心中等密度养老社区的流行
- 有围墙的养老村不再受欢迎，尤其在远郊区
- 酒店式养老设施的增长

20世纪80年代荷兰发展出了一个早期的、创造性的社区老人支持样板，避免了政府对于新建老人住宅的巨额投资。这个项目的一个主要特点是政府与社区共担对老人情感、健康上的帮助。简言之，政策允许政府向社区内照顾老人的邻居与个人支付酬劳。这种酬劳可以是针对任何旨在帮助老人安全舒适地居住在现在的家中的服务，包括送花以使老人感受到自己的价值，陪伴老人去社区公园观看孩子们的足球赛。

有一种观点认为，在一个高度尊重养老行为的国家文化背景下，滥用这种机制的机率很低。而且，这种机制在社区内建立了强有力的人际纽带，同时最大程度降低了政府对于特殊类型建筑的财政投入，其好处远远大于被滥用的风险。

但需要重申的是：在考虑政策的适宜性的时候，必须认识到社区的文化与政治因素。

1. 看护与利润之间的矛盾

在机构化的居住环境中，大家日益认识到在提供服务的同时创造利润所带来的压力。目前，大多数国家都致力于在看护服务领域让市场发挥更大的作用，但是如何化解长期看护需要与获得利润之间的矛盾仍然存在着一些难题。财政和服务问责制度的缺失，导致了很多对于剥削现象的指控。因此，看护制度应该具备密切监控这个问题的能力。

在亚洲，对于从为老人提供起居服务中获取利润还存在一些争议。其表明养老产业还处于萌芽期，随着时间推移，当养老问题的压力越来越大时，这些争议也将随之消散。总体上来说，养老住房政策

一般应该在一个"市场力量"的范式下发展，但是在亚洲一些地区，由于对新式的养老住房还存在很大的抵触，我们需要对这个观点进行检验，以形成适宜的环境，激励开发商尝试新的产品。在香港，由于土地价格昂贵，这个问题格外严重。

2. 老人的社区整合

近年来，为老人在熟悉的环境里提供起居方面出现了很多创造性的方案。不同于以往将老人从社区搬迁出去的做法，把养老看护设施整合进购物中心、混合功能项目或地铁站建筑等新建设项目的做法带来了极大的好处。不仅给这些设施带来了新的推动力和生命力，而且为老人提供了更简单快捷获得服务的途径，鼓励了为社区的所有居民提供一种更加平衡"正常"的环境。

对于需要进行社区再生工作的城市旧区的讨论必须涉及迁移和同化的问题，尤其是那些从情感上更加依附于其居住环境的老人。这个领域的政策发展需要在考虑物质空间环境的同时，重视新环境下的社会架构。

3. 对于健康的重视

在所有老人相关设施的设计中，对于"健康"越来越强的关注逐渐取代了"疾病"成为设计的首要准则。认识到老人会有一些健康上的限制和不便但并非病人，这是一个关键性的管理概念，也是全世界范围内新的养老村发展的一个市场营销推动力。例如澳大利亚，在养老社区的概念下发展出了两个相互独立的市场：一个是"生活性"社区，目标人群是"健康、年轻、60岁以上"的老人；另一个是"看护性"社区，原则上是针对"健康、75岁以上"的老人。目前，我们对于此类市场划分已经有了更为广泛的认识，这也为老人提供了更多的选择。

4. 对于独立的重视

独立性也受到越来越高的重视。如同上面提到的，许多新的设施将营销策略定向于"生活方式的选择"而不是"看护选择"。这是一个重要的策略转变，在未来的几年里将进一步使不成功的和成功的设施区分开来。通过修复性的支持、合适的管理和现代护理实践等方式，可以更好地鼓励老人的独立性。在养老村，许多革新性的服务都建立在一种使用者支付的基础上。这些服务可以延伸到银行、旅行服务、购物、金融咨询、理疗、社会休闲和娱乐活动组织。总体上看，这些服务的发生发展是困扰老人的日益增加的生活复杂性和先进技术带来的结果。许多人在面对自动提款机、互联网和其他新科技服务时感到不安，另外还有许多人因为商店和其他服务缺少针对性而感觉权利被剥夺。

5. "灰色力量"——新的市场动力

在看护和养老领域，出现了一种明显的、期望以市场为驱动力的转变。传统的老人看护服务被认为是政府提供给"病人"的一种服务，而"病人"对于此种看护的成果和提供的服务没有或者只有很少的选择。逐渐地，"病人们"（现在称为居民）开始要求在服务的提供与质量上有更大的发言权，他们变得越来越善于表达他们的诉求和关注。对于许多亚洲国家来说，仅仅是老龄人口的规模就足以让人们对满足其未来需求给予非常认真的考虑。但是，老年人群体本身的觉醒却非常缓慢，他们还没有完全地意识到作为一个紧密结合的群体可以发出巨大的力量，以推动生活质量的改善和服务质量的提高。

6. 资助个人需求

在机构化看护设施中，政策开始重新认识补贴的必要性。历史上反复出现的补贴一直与人们所居住的住房类型相关联，住房类型则与特定的服务标准和水平相关联，而与个人的收入无关。这种局面正在悄悄地发生变化，现在补贴是按照个人对于服务的需求分配的，在很大程度上已经和建筑类型无关，这给建筑设计带来了变革的压力。另一方面，养老村的运营者更容易受到市场因素的影响，并且为了避免引起居住者的不满，他们需要更加关注个人需求。看护服务的运营者需要理解他们提供的是一种产品，而此类产品在市场上有着越来越强的竞争力。

7. 设施设计的灵活性

对于政府投入需求的增加以及保护"市场力量"观点的流行，促使此类设施的灵活性得到越来越多的强调。尤其是在养老村市场上，西方一些国家出现了从封闭社区走向包含有商店等设施的地方社区的变化。随着生育高潮期出生的人口开始影响养老村所提供的服务，未来将会发展出更加多样化的产品。在亚洲，早期的规划显示，大规模聚集的养老社区设计仍然受到欢迎，笔者认为这在很大程度上是由于巨大的需求和现有竞争的不足。文化上的特点或许在其中也起到了一定的作用。

8. 工作人员的职业化

在西方的老年住宅市场上，对于从业人员的职业培训发生了显著的增长，改善最明显的领域是机构化看护设施。但是，越来越被认可的将看护和医疗服务结合的做法，使得培训的宗旨发生了巨大的变化。现在，养老村项目需要很多种不同的技术体系。

在亚洲，最初的压力在于老人看护设施，这也是可以预见的。亚洲所有国家的老龄人口都在增加，对于有专门技术的看护人员的需求也在急速增长。老人看护培训需求的增长是一个全球趋势。最近，我们在亚洲的与几个国家合作的项目都涉及了人员培训计划，包括日本、马来西亚和新加坡。这些国家需要基本看护、认证职业人员（例如护士和医生）和个人看护者（包括家庭成员）培训，这种趋势将传播到其他国家。在护理方面，亚洲许多国家受训人员的短缺越来越明显，而且那些养老领域的专业人员也越来越需要升级他们的技术，以应对日益复杂的看护需求。

* 翻译：王韬

作者单位：澳大利亚Thomson Adsett设计集团

全球老人住宅政策框架及资金模型
Global Elderly Housing Policy Frameworks and Funding Models

大卫·兰尼 David Lane

[摘要]老人住宅的研究、发展与实践不仅依赖于业界的专心投入,政府的相关政策是否完善,灵活且具有倡导性亦是关键的环节。同时,世界各国正在努力发展一系列不同的资金模型和替代性方案,以保证安居颐养目标的实现。本文对此进行了专项探讨。

[关键词]老人住宅、政策框架、资金方案、创造性

Abstract: Research and practice of elderly housing demand not only the devotion of the industry, but also urge a mature, flexible and advocatory policy environment. At present, countries across the world are developing a series of funding models and alternative solutions to reach the goal of ensuring the well-being of the aged population.

Keywords: elderly housing, policy framework, funding solution, innovation

一、对于老人住宅的政策框架的考察

在就地养老(aging in place)的政策环境下,政府在建立一个贯穿所有养老领域的政策框架中所扮演的角色面临着更多的挑战。为了鼓励持续看护(continuum of care),使得老人有信心得到一整套的服务以满足他们的需求,政府需要持续性的资金投入、对继续教育的有力支持,以及一个相对严格规范化的政策环境。提供现有看护服务的费用与资本补贴的需要,倾向于使政策焦点集中在那些需要密集看护的领域和医院,这在很大程度上将辅助看护、协助生活和独立生活等模式留给了非政府组织和市场,并对其加以极少的约束,甚或没有。

1.政策环境

现有政策通常属于三种宏观框架:

- 严格规范和控制——通常强调投入
- 中度规范和控制——责任分担,注重效果
- 轻度规范和控制——通常允许市场来主导

按照一种宽泛的、也许并不准确的总结,那些实行严格控制的政策焦点在于制定描述性的条例和规则,对老龄人口的看护服务发放资金。其中蕴含的危险包括监控规则执行的巨大责任、在规则诠释中逐渐走向死板僵化(从而限制了灵活和创造性的建筑和服务方案)以及难以对这种政策带来的后果作出恰当的评价。

另外一个极端是仅仅制订一个指导性政策,以避免卷入提供任何制度化的服务,其结果是对所有政策目标的解释都相当自由,因而实施起来难以控制。这些方案倾向于认为市场将最终取胜,只在经济上可行的情况下提供服务(例如只针对中上收入阶层),从而往往使穷人和其他需要服务的人不能获得持续的服务。对于这种做法进行成本效益分析几乎是不可能的,因此导致了针对政策的欺瞒行为,带来了市场的混乱与冷漠。

各国政府似乎都逐渐走向了一个中间立场,围绕责任分担和适度控制的概念来设计政策。其焦点在于产出和评估,避免通过严格管理来控制投入。在这个背景下,分担责任意味着由政府提供多种资金投入渠道和政策安排,从而带来私人、各种组织和社区的投资和介入。这样一来,

看护和服务所需的资本和周期性投入可以做到按需供应(means tested)——富裕阶层为他们需求的服务买单，而没有支付能力的阶层也可以得到帮助。这样的政策环境也提供了更多服务与住房的选择，因为它们不再必须从属于一个严格控制、千篇一律的政策框架。

2. 政策灵活性的需要

老人的居住和服务要求在种类和选择上和任何其他阶层是一样的，而"标准"建筑及服务严重地限制了创造性和灵活性，忽视了社会特定阶层的特殊要求。灵活的政策可以激发更多创造性的有效解决方案，荷兰的一个由看护人员经营、为农业社区的老年痴呆症居民服务的农场就是一个出色的案例。这个项目强调了这些老年痴呆患者对于共同环境的内在需求，同时提供了在农场和典型城市养老院两种生活方式之间的选择。

3. 土地和住房政策

通常，老人住房和土地政策之间有着强烈的关联。为了达成政策目标，有的国家设立了政府土地津贴，其他一些国家则由市场机制来决定土地供应。另外一个办法是允许市场决定土地价格，但是通过提供特许权（例如额外的建筑面积和土地使用强度、停车特许权等）来鼓励城市规划机构建设老人住宅。例如倡导土地混合使用使得养老社区或老人院在人口密集地区成为购物中心综合体或者城市商业区的一个组成部分。

但是，仅有政策和立法框架对于土地供应以及各种起居设施的支持通常还不够，尤其是在短期内面对如此巨大的问题和急剧增长的老龄人口。我们还需了解各个国家对于投资和贷款的政策设置。

在澳大利亚和其他一些国家，大部分养老政策是针对那些最脆弱的、最需要资金投入的老人群体的养老设施。但是现在，立法和政策的发展使得更为宽泛的退休产业被"养老村法案"所覆盖，这个法案为保护老人利益不受侵害，定义了买卖文件和销售要求、费用公开性要求以及针对养老村法人的总体运营规则。现在，外围政策正在制订中，以覆盖土地发放和区划安排等方面内容，使其满足可达性的要求。这个政策并非完全是义务性的，因为发展高质量的、针对严重行动不便的老人的居住产品将最终减轻政府使用纳税人的税金来提供其他居住选择的负担。

4. 可持续性和城市再生

建立一个可以将老人及其需求"重新缝合入一个再生社区"的政策在世界的许多地方都被证明相当困难，这主要是由于社区是随着时间推移随机发展的，重新为老人们创造一种"归属感"，尤其是通过社会构架营造一种"家"的感觉几乎是不可能的。其结果是，老人们常常会感到无能为力和没有归属。

依据老人社区所需帮助程度的不同，尤其是在香港这样独特的城市，寻找通用的住宅设计原则将老人们安置在普通高层住宅单元中，的确解决了问题的一个方面。但是，除非得到相应的政策支持，而且很方便地满足了老人日常起居中对于医疗、社会援助、购物和财务等的需要，否则仅仅使建筑环境标准化是不会成功的。

从政策设置的角度看，仅仅复制一个老社区的空间肌理是不够的，尤其是当老社区本身也存在种种问题的时候。在一个发展中国家，人们通常期待社区会不断发展，且在各个领域都能带来生活水平的改善。

在建筑方案的适宜性和其他一些方面之间存在着很强的相关性，这包括：

• 土地保有权形式：包括土地所有权的架构，所有权和使用权的期限以及与此类所有权相关的金融安排；

• 土地费用和可获得性：鼓励具有适宜土地方案的城市规划政策和财政补贴；

• 向老人开放的资金方案：使得他们可以较容易地离开现在的住房，在资金方案的支持下顺利购买新的住宅；

• 所提供的服务：更重要的是那些通过政策获得的服务，或者在政策支持下通过市场协助获得的服务。

这种相关性和国家意识形态与政治架构紧密相连。例如，实行社会主义和环境政治优先的北欧国家，在相当长的一段时间里，倾向于以减税和（或）补贴来向老人提供住房选择和服务。而在欧洲的一些地方，尤其是那些拥有一个古老中心的城市，通常具有更强的保护城市历史地段的愿望，使得为合适的建筑方案寻找土地变得极为困难，从而消耗了社区力量及其政治意愿。

5. 长期资金方案

为了减轻财政负担，澳大利亚在过去10年来一直在优化其退休金政策，以持续鼓励工作人口为退休进行储蓄。认识到退休制度本身的变化后，政府最近修改了相关立法，其核心是允许那些期望退休的人获得他们的退休金，同时增加了灵活性，允许那些希望继续工作的人寻找非全职的和按项目结算的工作以补充他们的收入。

其他国家，例如日本，则建立了长期保险计划以达到类似的目标。很多国家都具有一系列的政策鼓励人们在退休问题上更为自立。但是，对于那些现有工作人口普遍收入不足的国家来说，很难实行这样的解决方案。它们需要寻找其他策略以保证老人群体在数量不断增加的同时持续提高生活质量。

6. 背景

因此，我们要注意到每个国家和地区对于老人群体起居要求的解决都必须采取一种整体视角，从其财政、税收、所有权结构以及老龄人口的统计数据等方面加以考察。例如，现在许多香港老人对于香港的发展和繁荣作出了重要贡献，但是他们并非一个富裕阶层。对于许多人来说，儿女的经济状况相对要更好，但是父母为了让孩子能够更好地享受生活曾经作出了很大牺牲。在这种情况下，政府需要认识到老人在社会发展中所起到的作用。新加坡也有类似的情况。

二、老人住宅资金问题的替代性/创造性方案

世界各国发展出了一系列不同的资金模型，来建立一个让退休人士和老人购买并拥有不同形式的专门化住房的机制。总体上，资金方案是围绕一些关键问题发展出来的，这包括住房保有权的可靠性、服务的提供方式和范围以及住房的价格。下面是一个简要的说明：

1. 按周计算的租赁住房

一些养老住房是直接按照租赁住房市场的方式，以周租或月租的方式提供的。住房单元通常具有全套家具，对于使用者入住和搬出的限制是有限的，有人认为这样可以刺激经营者不断提供更好的服务。此类产品最好的例子可以在美国看到。

在澳大利亚，政府对退休人士提供租金补贴的税收制度催生了一种混合式的租赁住房。但是，其发展一方面受限于需求，另一方面还存在能否将租金价格控制在政府补贴范围之内的问题，否则就将承受养老金减少导致的需求减少的风险。毫无疑问，其他国家也有类似的情况。

2. 按月计算的使用权转让租约

在美国、澳大利亚及其他一些国家，一些养老村以使用权转让租约的形式提供住房。这种租约通常按月计算，但有时也会出现长期租约。根据其条款，这种产品的入住和搬离都相当灵活，无须预先支付大笔租金使风险得到了控制。在许多西方国家的私有住房市场上，此类产品相当常见。

3. 终身使用权转让租约

与月租不同，长期租约提供了更强的稳定性。它的合同规定使用者拥有99年的居住权或者直到死亡，此后住房所有者才能收回租约。终身租约的不同在于，在某种意义上它是一种保有权，因此通常按照不动产的价值预先支付一定费用以获得使用权，这部分费用需要在入住前支付，而不是像房租那样按月支付。终身租约通常包括两部分费用——一部分用于购买99年的使用权，另一部分是每月的管理费用。

4. 贷款/特许权+搬出费用

贷款/特许权协议基本上和终身租约类似，都需要一部分数额较大的预先支付费用来购买不动产的保有权。从本质上看，这种产品要求住户借给不动产所有人一笔贷款，以换取住户在有生之年拥有住房的权利。它非常显著的一个不同点在于，当老人搬出或去世的时候，他们可以收回的款项低于最初支付的数额，协议达成的这部分差额用于支付财产折旧和维护的费用。这种产品的衍生品还使退休人士可以分享从入住到搬出这段时间内贷款的资本增值，通常该数值在30%～50%之间。

5. 一次性预先支付

这种方案在世界各个国家都有应用，主要针对一些豪华产品，通过支付一次性的费用获得财产的所有权及一系列预先约定的服务，直至搬离或死亡。提前中止合约不需要任何额外费用，但是也不会获得退款。此类产品的一般使用期是15～20年。其必然结果是，如果使用人长寿，他们就有权利使用住房并获得相应及额外的服务而无须支付费用。一般情况下，此类产品被认为是一种赌博，许多对财产处置非常谨慎的老人都不喜欢。

6. 反向按揭

最近5～10年里，在澳大利亚和其他一些国家，反向按揭变得越来越流行。人们可以将现有财产抵押，以获得服务与看护。由于有退休人士的其他财产和投资作抵押，此类产品不需要任何预先支付费用，使用者死亡后进行清算。这种产品适合那些拥有很多财产，但是现金比较拮据的人，或者是那些愿意维持现有财富结构，在去世后再清还债务的人。

7. 代际贷款

向老人提供贷款而由后代偿还，这种做法在西方国家很少尝试，因而并不流行。人们通常会在其有生之年内清偿贷款，但是在一些国家由于不动产价格昂贵，因而为老人住宅提供巨额贷款，期望这个家庭在一段时期内由几代人来偿还。这在事实上赋予了借贷数额和还贷期限两个方面的灵活性——人们可以贷得更大数额的资金，而每次还贷的数额可以变得更小、更可承受。这种机制据称可以减少"住房压力"，避免了养老产品相对于个人有生之年内的收入（或者退休人士的养老金和他们固定资产的收益）价格过高的问题。由于贷款用于购买不动产，如果后代不愿意继续还贷，他们可以随时通过出售财产来处理这个问题。

8. 租用场地/拥有住房

近来在澳大利亚出现了一个新的、创造性的投资模型，尤其是针对那些低收入的退休人士，我们称之为"租用/拥有模型"。其做法是退休人士以租约形式租下一小块土地，在上面安置一个可以移动的住房或者房车类大量制造的产品。

其背后的逻辑是人们可以将自己的起居方式带到租用的土地上，将其与他们所需要的服务连接。如果将来想要更换居住地，他们可以很方便地寻找任何一个喜欢的、新的地点来放置自己的家。事实上，这只是一种理论上的可能性，因为很少有人会这么做。但是其在纳税上有一定的优势，因为可移动的、工业化住房在纳税计算上具有更快的资产折旧。此类产品有趣的地方在于，它们是人们以立法机构没有预料到的方式利用政府税收制度的产物。

9. 捐赠回馈式住宅

此类产品与终身租约和一次性支付模型相类似，但是是一种简化的投资方式。其核心是老人向房产所有人提供捐赠以"拥有"住房，捐赠是不予退还的。由于捐赠是在老人搬离或去世之前支付的，因此住房机构可以使用这笔资金进行投资或扩张。总体来说，此类模型使得产品在市场上相比竞争对手具有更低的价格，从而形成吸引力。管理费用通常不包括在此类居住产品的购买费用之内。

10. 酒店式"租赁模型"

近来，围绕酒店管理模式形成了一些新的产品，人们在此类设施中可以购买按日计算费用的房间，此外按照"服务——费用"的模式支付额外的费用以获得相应的服务。这种形式的一个优点是，拥有多种设施的大型机构可以在全国提供不同的产品，因此老人可以在不同的地点以期望的时间租用一个房间居住。显然，这种模型下的产品存在着一系列的排列组合，还包括所有酒店业内流行的市场推广方式。

提供这些产品的出发点是认为那些进入退休年龄的生育高峰期出生的人具有更多的财富和流动性，因此会对服务和设施质量有保证的灵活性产品比较感兴趣。其可以被看作是提供产品保证的"老人酒店"连锁店——一个居住领域的麦当劳。

11. 分时养老住宅

上述方案的一个衍生品是通过购买一定时段来获得连锁养老住宅（在全国或全世界不同地点的一系列养老村），从而为购买人提供了在双方约定的时段内拥有一个特定设施的权利。在一年之内，退休人士可以选择在澳大利亚居住3个月，在美国居住3个月，在意大利度过4个月，然后再在香港居住2个月。显然，此类产品完全可以进行买卖，它的设计主要是针对那些较年轻、富裕的退休人士——他们的身体状况良好并喜欢旅行。从理论上讲，这种模式根据产品结构的不同可以是国内的，也可以是全球的。此外，这种产品还可以附带提供任意数量的"费用——服务"型的选择。

12. 房产银行

对于许多老人来说，由于费用的差别，从现在的家里搬到新式的养老居所存在很大的困难。这种情况在农村地区尤其严重，这是因为他们现有房产的价值和城市房产相比差别巨大。

政府可以采取的一个创造性解决方案是发展一个土地或财产银行作为实际上的房屋交易中介。那些难以出售现有房产以购买养老住房的老人可以将他们的住房出售给这个"土地中介"，"土地中介"则可以持有此房产，将其用于租赁，或者出售给残疾人及社区内其他有类似需要的群体。这些房产同样也可以在将来市场条件成熟的时候卖给私人。

13. 老人共享住房（团体住房）

西方许多国家存量住房市场的另外一个困境是很多老人居住在不再符合他们实际需要的、巨大的住房中，许多住房足以容纳四个老人共同生活。除了强迫他们离开自己的家，也可以探讨由邻近地区的一群老人通过向房主缴纳租金，共同居住这样一桩住房的可能性，从而缓解所谓"住房压力"。此外，还可以考虑通过共同住房基金和类似方式形成法律认可的所有权。例如，（在适当的政府立法支持、甚至住房部门的支持和调控下）原房主可以向别人提供购买股份的机会以共同拥有住房。住房的公共空间——卫生间、餐厅和厨房如此可以得到更为有效的使用，房屋不用被拆除或出售，居住者也不用搬离，地区的城市特征也由此得以持续。

* 翻译：王韬

作者单位：澳大利亚Thomson Adsett设计集团

我国城市居家及社区养老居住模式探讨

An Investigation on Residential and Community Aged Care Models in China

周燕珉 张 璟 林文洁 Zhou Yanmin, Zhang Jing and Lin Wenjie

[摘要] 针对我国老龄化的特殊性，政府确立了以居家养老为主的工作方针。然而我国已建的城市住宅多未考虑老人居住的特殊要求，存在许多问题。本文分析借鉴了国外，尤其是日本的社区养老建设经验，提出了适合我国的居家及社区养老的三类建筑模式，设想通过它们的有机配置提高居住区养老的可持续性。

[关键词] 居家及社区养老、国外经验、老人户型、老年公寓、社区老年人服务中心

Abstract: According to the characteristics of China's aging problem, the state established a policy framework based on the principle of residential care. Nevertheless, most of the existing housing stock in cities has not taken into consideration the needs of elderly people when they were designed and built. Based on analyses of foreign experiences, the article puts forward three housing prototypes for residential and community aged care in anticipation of enhancing sustainability in elderly housing in China.

Keywords: residential and community aged care, elderly housing layout, elderly apartment building, community aged care center

我国处于快速老龄化的进程中，面对未富先老的基本国情，并考虑我国传统居住文化的特点，政府确定了"家庭养老为基础，社区养老为依托，机构养老为补充"的养老工作方针。

本文针对居家养老和社区养老展开研究，通过借鉴国外发达国家社区养老建筑的发展经验，探讨符合我国国情及老人居住需求特点的住宅及社区养老的建筑模式。

一、我国居家养老与社区养老的需求与问题

1. 我国未富先老的快速老龄化国情

我国目前还属于发展中国家，却已经拥有占世界五分之一的老龄人口，并且正处于老龄化快速发展的进程之中。从统计数据可以看到，我国老年人口的年均增长率高达3.2%，约相当于总人口增长速度的5倍。据预测，2051年，中国老年人口规模将达到峰值4.37亿[1]，占总人口的比重将接近30%。

联合国将总人口中65岁以上人口所占比重超过7%的国家称为"老龄化国家"，超过14%的国家称为"老龄国家"。完成从老龄化社会到老龄社会的历程，法国、瑞典、美国和英国分别用了114年、82年、69年和46年，而据预测中国只需要27年。

老龄人口之多、发展速度之快，加上"未富先老"的

现实，中国面临的老龄化问题十分严峻，居住问题便是其中的重要方面。在财力不足、老人总量巨大的情况下，确定"居家养老为主"的养老工作方针是切实可行的方式。

2.居家养老及社区养老有巨大的市场需求

调查显示，截至2006年6月1日，中国60岁以上的城市老年人口有3856万。根据民政部的统计，全国城市福利院2006年床位数为41.9万张，收养31.2万人。也就是说，能够入住养老设施的老年人不到1%。另一项以北京、天津、上海、重庆的老年人为对象，关于城市老年人居住方式意愿的调查结果显示，希望与子女同住的占58.53%，希望与子女近距离分住的占30.37%，希望与子女分住无所谓远近的为7.82%，希望入住社会养老机构的占3.28%。可见，无论是现状还是意愿，在宅居住都是老年人最主要的居住形式。

大多数老年人希望在宅居住，是有其内在合理性的。首先，老年人希望在自己熟悉的环境中生活，因为这里有他们的亲人、熟悉的邻里与乐于交谈的对象等情感寄托。有研究表明，老年人在熟悉的环境中生活有助于减缓老年智障的发病。其次，中华民族传统文化中非常重视享受儿孙绕膝的天伦之乐，这种观念在大多数老年人的头脑中根深蒂固。另外，对欧美发达国家老年人居住模式的研究表明，即使在那里，老年人入住养老院的比例也不过只有5%左右，95%左右的老年人还是选择不同形式的在宅居住。因此，无论是现在还是未来，我国对适合居家养老及社区养老的居住建筑类型有着巨大的市场需求。

3.我国当前老年人居家养老及社区养老中存在的诸多问题

由于我国经济发展时间短、人口老龄化速度快，而且过去对于老年人居住问题未能给予充分重视，导致当前在该问题上存在着许多问题。主要有：

（1）"空巢"家庭老人无人照料。有相当一部分老年人与子女分开居住，平时生活无人照料，甚至单身老人病死多日才被人发现的事件也偶有发生。

（2）老人与子女同住彼此很难适应。有许多老人出于照顾子女日常生活以及照料孙辈的需要而与子女同住，但由于在住宅设计上未加以细致考虑，老人与子女只能住在同一套房屋内，拥挤和生活习惯上的差异给双方都带来很多不便，严重影响了双方居住的自由和舒适。

（3）旧住宅难以进行适老化改造。多数老人居住在20世纪90年代之前建造的住宅中，这些住宅在设计上未考虑老年人的特殊居住需要，在安全性、舒适性以及便利性等方面都有欠缺。例如其中的厕所多采用蹲便器而不是坐便器，需要厕所地面抬高十几公分，形成的高差给老年人的如厕带来了困难和危险。由于旧住宅多为砖混结构，较难进行改造以适合老年人的居住及生理特点。

（4）新建住宅未充分考虑老年人的居住需求。近年来大量的新建住宅小区中，绝大多数都未针对老年人的居住需求作专门的考虑，或是简单地认为这只是保证轮椅转圈和设置坡道的问题而已。对于老人希望有娱乐活动、健康检查、便利经济的餐饮、日托照管以及短期居住护理等特殊需要缺少配套设计。

（5）缺乏适合老年的室外活动空间。无论是旧住宅小区还是新建的住宅区绝大多数均未专门考虑老人活动场所的特殊设计要求。具有如会所功能单一、设施不符合老人的生理与心理特点、户外园林高低错落导致老人通行不便等问题。

二、居家养老及社区养老的若干国际经验

1.发达国家在老龄化的特定比例阶段开始重视居家养老和社区养老

国际老龄政策的发展过程表明，当一个国家进入"老龄化国家"的行列之后，就会出台一系列针对老年人居住问题的政策措施；而当其进入"老龄国家"的行列之后，政策重点就转向促进普通住宅的无障碍化等通用设计的措施，而不是采取仅针对老年人群体的对策。例如：

瑞典在65岁以上人口比重达到10%之后的20世纪50年代开始大量建造养老院；在该比重达到15%的1975年则对建筑法规进行了修订，开始推进普通住宅的无障碍化。

美国在65岁以上人口比重达到8%之后的1956年对住宅法进行了修改，开始建设老年人住宅；在该比重达到13%的1990年制定了"集合住宅服务法"，开始建造具备护理服务功能的集合住宅。

日本在65岁以上人口比重接近7%的1964年出台政策，优先向老年人家庭提供租金低廉的公营住宅；在该比重达到11%的1987年开始实施"银发住宅"工程，提供具备护理服务功能的老年人住宅；在该比重达到13%之后的

1991年开始促进普通住宅的无障碍化。

正如前文所述，我国老龄化进程极快，预计65岁以上的老年人口从7%上升到14%仅需要27年的时间。在一些大城市，65岁以上老年人口的比例已经接近或超过14%。如上海市截止2008年末，该比例已达15.4%。北京市到2007年底，数据为13.1%。因此，考虑普通住宅的无障碍化，在普通住宅中考虑老年人的居住问题是非常迫切和必要的。

2. 日本老龄化过程中主要养老建筑类型的变化过程

日本与我国一衣带水，文化传统和伦理观念亦同我们较为相近。并且日本早于我国经历了快速人口老龄化的过程，因此其在老年人居住问题上的经验对于我国具有更加现实的借鉴意义。

日本是亚洲最早进入老龄化社会的国家。1970年，日本65岁以上老龄人口占总人口的7.1%，开始步入老龄化社会。1994年，其65岁以上老龄人口超过14%，进入老龄社会。据日本2007年版《高龄社会白皮书》的统计数据，截止2006年10月1日，日本65岁以上的老龄人口达2660万，占总人口的20.8%，成为世界排名第一的老龄化国家。

在20世纪80年代末之前，日本在老年人居住方面的对策主要是大量建设养老院，这些养老院依入住对象的生活自理程度和设施所提供的服务内容而分为不同的类型。到了1989年，日本推出了被称作"金色计划(GOLD PLAN)"的"推动老年人保健福利事业10年战略"。其核心内容是：紧急建设特别养护老人院、日间服务中心、短期入所设施，通过家庭护理员(home helper)的培训推动在宅福利事业。虽然特别养护老人院的建设仍然是核心内容之一，但在宅护理已经开始受到重视。

1999年12月，日本又推出了21世纪的老龄化对策"GOLD PLAN 21"。该计划有两个核心思想，一是加强建设为智障老人提供护理服务的"小规模老人之家(Group Home)"，二是鼓励形成"相互支撑的社区"，提倡为了让所有的老年人和他们的家人在熟悉的社区充实地生活，不仅要在社区提供护理服务，还应形成对生活全方位的支援体系。

到了2002年，日本发布了"2015年的老年人护理——确立维护老年人尊严的护理制度"，其中将今后老年人护理的方向确定为"维护生活的持续性，以尽最大可能在自己家里生活为目标"。这标志着日本的老年人护理制度迎来了重要的转折点——由设施护理向在宅护理的转型。这一转折主要体现在两个方面：2003年度，特别养护老人院等护理设施全面推行"小规模生活单位护理(Unite Care)"，旨在提高护理质量的同时增强设施的家庭化。2005年4月，护理保险法进行了修正，"小规模多功能型在宅护理"被制度化。其要点是在中学校区范围内设置能够对应于多样化需求的"小规模多功能型在宅护理据点"（定员25名以下、24小时提供护理服务），从而为在宅持续居住提供支持。

从上述日本老年人居住设施的发展历程我们可以看到，面临高度老龄化、少子化的国情，日本也曾经历致力于兴建各类养老院的阶段。但经过30多年的探索之后，其终于在2002年确立了"尽最大可能在自己家里生活"作为老年人居住政策的目标。事实上，如果老年人离开长年生活的社区，离开亲朋好友，远离熟悉的环境，移居到环境陌生的老人院，将很容易失去情感依托，产生极大的心理落差。因此日本在大规模建设养老院的阶段，学术界曾开展了大量关于移居老人院后环境适应问题的研究。而经过长期探索的最终结论是：应当最大限度地维护老年人生活的持续性。

这一结论启示我们，由于居家及社区养老是中国城市老年人最主要的养老模式，因此相关的住宅及住宅区在规划设计中应当充分考虑老年人可持续居住的可能性，需要探索居住区内适合老人各种居住需求的建筑类型及其配置。

3. 日本老年人居家养老及社区养老的设施实例

日本为满足居家养老和社区养老的需求，出现了多种居住设施形式，本文主要介绍以下三种类型。

（1）老年人租赁住宅

日本老年人租赁住宅是由政府相关部门认定的专门面向老年夫妇和单身老人的优质租赁住宅，其建筑设计和设备配置均需按照规定符合老年人的特殊需求。

1. 老年人租赁住宅示例——日新町BIBASU户型图

该公寓是一栋下部为医院、上部为公寓住宅的综合建筑。其服务对象主要是65岁以上、需要照顾但能基本自理的老年人，可以提供餐饮但不含介护服务的老年公寓设施。

该老年公寓为单侧外廊式建筑形式，共有55户，每户面积在37～50m²之间，内部配置有起居室、厨房、卧室、厕所、储藏空间、盥洗设施、浴室等功能空间，户型全部朝南，并且设有宽敞的阳台。在无障碍设计方面充分考虑了老年人的各种生理需求，还配置了较齐备的紧急呼叫设施（图1）。

（2）老年日托服务中心

老年日托服务中心的服务对象是需要一般护理服务的居家老人，服务内容主要是每天接送老人，进行健康检查、入浴、餐饮、生活咨询以及日常动作训练等。

日本老年日托服务中心大体上可分两类：一是日托康复护理中心，服务对象为病情较稳定、需要照护的居家老人，主要通过各种医学疗法、康复手段来改善老人的身心机能；二是日间服务中心，服务对象为需要护理的居家老人，为老人提供日常生活服务，进行身体功能训练，对老人的家属提供护理方法的指导，同时针对重症老人或者癌症晚期患者，还提供专业医护人员的看护服务。

姬沙罗老年日托中心

2.老年日托服务中心示例——姬沙罗老年日托中心建筑平面图

该项目的建筑功能空间主要包括活动室、康复锻炼室、浴室、厨房、餐厅及临时休息卧室等(图2)。社区及附近的老人每天可以到这里用餐、洗澡、娱乐等,同时也可以将身体需要照料的老人短期托付在这里。

(3)小规模多功能社区服务中心

随着日本老人养老需求和理念的变化,集上门服务、日托、短期入住等功能于一体的街道社区型小规模多功能服务中心在近几年越来越受到人们的欢迎。它主要针对需要护理的居家老人,根据他们的身心状况和居住环境,由本人的意愿选择在自宅居住接受上门服务,或者在社区服务中心日托,甚至是短期入住。其功能空间的配置标准一般有住宿间、公共活动室、餐厅、配餐间和浴室。小规模多机能服务中心在承担社区老年服务功能的同时,还设置了向该社区开放的交流场所,如会所、咖啡厅等。

武藏野立市吉祥寺本町在宅介护支援服务站

3.小规模多功能在宅服务中心示例——武藏野立市吉祥寺本町在宅介护支援服务站平面图

该在宅介护支援服务站是一间提供日间护理、短期入住及在宅照护服务的小规模多功能福利设施,其服务对象为65岁以上的武藏野市居民以及18岁以上的身体残障者。服务站为平层,建筑面积为275m²,由中庭划分交流区、活动区和住宿管理区3个部分。在建筑设计中,注重动静分区,合理排布活动空间,并充分考虑了高龄者及残障人士的无障碍使用需求(图3)。

三、对我国老年人可持续居住的住区架构的思考与建议

借鉴国际相关经验,结合我国老年人居住需求的调研,笔者认为我国住宅社区可尝试从三个层面来覆盖老年人的居家及社区养老的需求:在一般住宅中配置面向老年人的户型;社区中配建老年公寓;在社区内设立小规模多功能的老人服务中心。以下对这三种类型逐一展开论述。

1.在一般住宅中配置面向老年人的户型

在普通社区中,为满足部分老人的居住需求,需要设计一定比例的老人户型。根据老人与子女居住的关系,户型可以有"纯老户"和"老少户"两种不同类型。老人户型的设计位置建议选择在社区中景观较好、安静舒适的地带。在高层住宅中因为有电梯可考虑集中配置,多层住宅当没有电梯时则建议将老年住宅配置在底层,方便老人出入。社区户外环境及住宅户型都应考虑老人的无障碍设计要求。

(1)"纯老户"

"纯老户"亦被称为"空巢户",可分为老年人偶居和独居两种情况。由于老年夫妇倾向于分床甚至是分室居住,而独居的老人也需要有人护理,所以纯老户应以一室一厅或两居室为主。大多数老年人难以承担过多的清洁卫生家务,因此纯老户的户型面积不宜过大,在60~90m²之间较为适宜。在住宅设计时需要考虑老年人生理发展过程,留有可以通过改造住宅空间来适应不同阶段居住需求的可能性。如图4所示,该户型为面向老人夫妇生活的小面积两居室户型,户内适老化的空间设计可以适应不同时期的居住需求。

4.老人户型设计示例

(2)"老少户"

老少户是指老少两代共同居住,但生活上适度分离。这种有分有合的居住模式,让老年人和年轻人都有自己的生活空间,同时还能够互相照顾。如图5、6所示,把普通的两居室住宅与老人户型相邻布置在一起,既可以保证老人与子女能相互关照且互不干扰,同时也可以通过改变户门的设置位置,将老人户型独立分开出售,增加老少户产

品的灵活性。

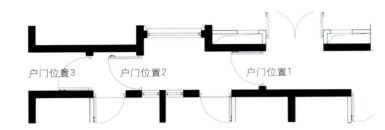

5.可以通过户门的位置调整老少户的关系

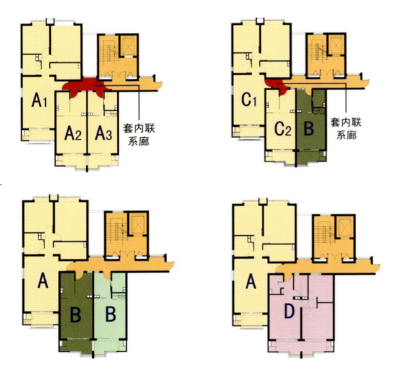

6.老少户户型组合示例

两代居户型设计最大的原则是两代人的行动流线尽可能不要交叉，避免相互影响。在设计上要注意处理以下几点：①两代人的生活应保持各自的独立性，避免互相干扰，同时又方便互相照顾；②老人与女儿/女婿同住和老人与儿子/媳妇同住可能会有很大不同，需要在设计上进行考虑，以保证家庭关系和睦；③老人的居住空间内必须符合无障碍设计的要求，保证轮椅能够转弯，地面不应有高差，应有防滑和防撞措施，必要处设置扶手等；④在老人的浴室和卧室应设置紧急呼叫按钮，保证出现安全问题时可以及时呼叫并获得救助。

老少户的户型设计既可满足中国几代人同居互相照顾，实现老有所养、小有所依的生活模式，又避免了老少两代之间不同生活习惯可能带来的相互干扰。

2. 在社区中配建老年公寓

在调研中我们了解到，有部分老年人希望与子女在同一社区内分户但临近居住(年轻子女也存在同样的需求)，这样既能保持彼此生活的独立性，互不影响双方的生活，同时也方便老人和子女之间相互照顾。社区中配建部分针对老人居住的老年公寓是满足上述居住需求的方式之一，图7即为老年公寓的可能形式。

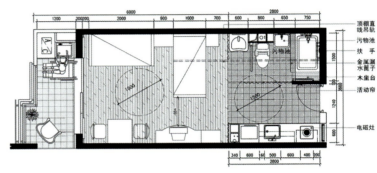

7.针对半自理老人的户型设计示例

社区老年公寓的适老化设计及统一化管理，可以为老人提供一个较为安全、便利的居住生活环境。在老年公寓内，除考虑必要的无障碍设计外，还应配套建设公共餐饮、就诊、健身、娱乐等设施。老人们年龄相近，彼此更容易相互交流和一起活动，可以减少各自在家居住的寂寞，促进健康养老，提升生活的品质。

老年公寓套型面积大小和形式与青年公寓较为接近，为降低开发风险，可以与青年公寓组合建设。公寓的户内可先按老人居住的基本需求进行设计，对于有特殊居住需求的老人可以在其入住时再添加特殊配置或适当改造。这样有利于当老人入住未满时，将其灵活改变为青年公寓户型。

老年公寓在管理模式上，可以借鉴其他国家相关经验，如采用出售产权但集中管理的模式，如果不是自住，可以改为租赁，还可以将部分房屋作为社区旅馆，或采取短期出租的形式，方便老人临时来住或家属节假日探访短暂居住。

3. 在社区内设立小规模多功能的老人服务中心

在调研中笔者了解到：有部分年龄稍大的老人，虽然生活尚能自理，但是一日三餐和日常的家务已经成为了他们的负担，故希望社区可以有一个公共食堂；还有部分病弱或年迈的老人，由于家人上班或者短期出差难以得到照顾，又无法负担请保姆的支出，因此十分希望社区有一个白天或者短期可以托付照看老人的社区服务中心。

当前部分居民小区内虽然建有会所，但是并不具备上述照看老人的使用要求。因此急需一个可以为老年人提供接送、餐饮、健康检查等服务，并协助洗澡、帮助进行机能训练、组织参加文化娱乐活动的社区老人服务中心，其可以满足上门护理、日托服务、短期入住的需求。

这种社区内的老年服务设施可在近距离内满足老人的多种服务需求，能够保证居家养老的可持续发展。其小规模的建筑形式可给老人带来家庭式的护理氛围，使他们既可以继续生活在熟悉的生活环境中，保持原有的社会交往活动，避免与社会隔离，又方便亲人看望和照顾。

社区老年服务中心一般规模不大，其设施既可以在新建住宅小区时规划配建，也可以在老社区中挖掘闲置房产来实现。在新建小区中，可以与会所并设，也可以采用与幼儿园联合建设的形式。这种建设方式可以共用部分公共设施与工作管理人员，同时与孩子在一起也可以为老人的生活增添快乐（图8）。

社区老人服务中心一般可以由专业机构负责运营，对于那些无力负担的家庭，建议可以采用由政府购买公共服务的方式进行资助。

结语

本文通过分析我国居家与社区养老的市场潜力及当前存在的问题，借鉴国外发达国家尤其是日本的发展建设经验，尝试提出了较为适合我国居家及社区养老的三种建筑模式。通过三种建筑类型的有机配置基本可以满足希望独立居住，与子女居住，与子女就近但独立居住，得到日托照顾、短期居住及获得护理服务的各类老人的居住需求。

一层平面

二层平面

8. 与幼儿园结合设计的社区老人服务中心

作者单位：周燕珉，张璟，清华大学建筑学院
林文洁，北方工业大学建筑工程学院

香港住宅通用设计规划和空间设计指南
Planning and Spatial Design Guidance on Housing Universal Design in Hong Kong

香港房屋协会 *Hong Kong Housing Society*

[摘要] 通用设计作为一个崭新的设计手段，渐渐出现于当代设计潮流中。本文介绍了香港住宅通用设计规划和空间设计指南中的策略和推荐方案，考虑到居民的能力会因年龄、残障和疾病而改变。指南注重灵活性、简易性、健康、安全、方便、可持续性等因素，旨在为住宅发展提供通用设计的指引，创造可供不同界别社群使用的环境。

[关键词] 香港住宅通用设计、空间设计、不同界别社群

Abstract: *The article introduces strategies and recommended solutions in Hong Kong's Planning and Spatial Design Guidance on Housing Universal Design, which take consideration of residents' different age, disability and disease. The guidance emphasizes the elements of flexibility, simplicity, health, safety, convenience and sustainability. It aims at providing instructions for housing development and creating usable environment for different social groups.*

Keywords: *Hong Kong housing universal design, spatial design, social groups*

一、引言

房屋的通用设计是达到可持续住宅发展规划的一个途径，不但注重畅达性，也关注健康、教育、文娱、通信、护理及安全等社会问题。为达到此目标，在设计上必须明白不同组别居民的需求。

二、不同组别居民的需要

不同的社会组别居民对住宅发展规划有不同的要求，我们必须提供适合的社区设施，以满足其各自的需要。对此，香港特区政府已进行了研究，并由规划署根据研究结果制订了《香港规划标准与准则》，建议根据某一地区的人口增长和集中程度，提供社区设施。上述规划标准有助评估作为社区用途的土地要求。由于居民的数目和年龄分布会改变对设施的需求，有关方面应在进行住屋发展规划前，对社区设施进行评估，并在发展完成后定期再进行评估。下列各项应包括在发展评估项目中：

- 现时邻近住宅区的居民年龄分布；
- 预计规划的住宅区中，居民的年龄分布；
- 现时的交通模式及其对规划的住宅区和区设施的影响；
- 预计未来十年的交通模式；
- 可供规划的住宅区的新居民享用的现有临近设施；
- 现有临近设施进行功能改建的灵活性。

建议社区设施可在功能上作出改建，并更应关注有特殊需要的人士。由于居民的能力会随着年纪的增长而改变，详细了解各个居民组别的需要，是制订规划方案的关键。

1. 儿童

（1）看护和护理

- 幼儿园及幼稚园最好设于住宅的临近范围。
- 医护设施,如儿童诊所等,最好设于住处的临近范围,以方便居民,促进邻里活动,并鼓励居民及时关注健康问题。

(2) 教育
- 学校最好设于住宅区附近,以方便居民、促进邻里活动,并有利于为儿童提供安全环境。
- 于交通繁忙的范围,学校入口最好远离主要交通道路,并须在入口附近为父母及看护者设置等候区。入口及等候区应该清晰易见。
- 文化设施,例如图书馆及书店等,最好设于住宅区附近。

(3) 儿童游玩场所
- 建议在住宅区附近设有方便易达及有趣味的户外游玩设施。在资源供应允许及使用合理之下,最好应提供适合不同年龄的游玩设施,让儿童借此机会发展肌能技巧和决策能力,并有机会学习并提高社交能力。
- 游玩设施的地点最好有阳光照耀,同时设有遮荫之处,使儿童不受恶劣天气所影响。

推荐方案
- 于户外游玩场地旁,最好种植花草树木,并应小心选择花朵及植物,以提高儿童与大自然的互动。
- 在顾及安全的条件下,住宅区最好设置单车径及场地。
- 在资源供应允许及使用合理的情况下,最好附设室内游玩场所。

(4) 安全
预防儿童受伤受到广泛关注。近期研究显示在香港家居意外中,年龄介乎5~9岁的儿童很容易跌伤及发生其他与活动有关的意外。要避免儿童受伤,住宅发展规划应注意下列事项:
- 最好设置确保儿童安全及低危险性的游玩设施。
- 建议于游玩场所内,为家长及看护者设监护点。
- 在交往的范围及资源许可下,最好将车辆通道、单车径及行人路予以分隔。
- 如有足够资源而又合乎实用原则,最好为不同年龄组别的儿童提供不同的游玩地方。
- 最好为不同年龄组别的儿童提供相应的游玩设施。

推荐方案
- 户外游乐场需维护良好,并定期由受训的管理人员检查,以确保设备的安全性。
- 建议在游玩场地的入口,设置使用者年龄范围及安全游玩的提示牌。

2. 青少年
若将青少年与儿童和长者相比,前者较少需要特别照料。不过,住宅发展规划必须考虑他们的需要,尤其是社交及文娱空间。规划过程中应考虑以下措施:
- 社交设施例如青少年中心、简餐厅、餐馆、卡拉OK、健身房、游戏中心及其他运动设施最好靠近住处,在步行可达的范围内。
- 在住宅区附近,最好设有露天场所及社交空间,以帮助建立邻里亲情,融合不同的居民组别。

3. 长者与残障人士
(1) 长者与残障人士的畅达设计
长者和残障人士需要特殊照顾和特别的畅达设计。建议实行以下的规划方案:
- 建议为社区设施,包括老人中心、街市、商店、餐馆及为长者和残障人士而设的医护中心,设置无障碍的通道。
- 建议为残障人士提供易达的交通系统,基本设计原则如下:

原则一:建议巴士站应设于靠近住宅区的入口。

原则二:建议巴士站的指示牌用对比色、字体清晰且足够大。指示牌文字应设有凸起的盲文及字母,其高度应离地面850~1200mm。指示牌表面的照明光度应不少于120lx。

原则三:若有垂直交通系统,建议结合设置无障碍升降机(图1)。

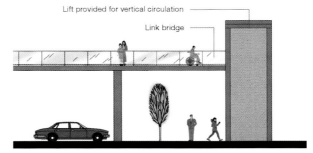

1.上落楼层的方便易达升降机

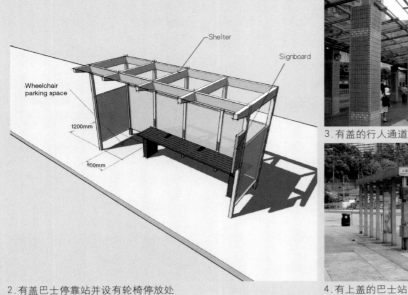

3. 有盖的行人通道

4. 有上盖的巴士站

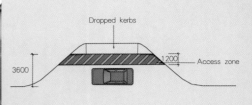

5. 落客处的使用范围

2. 有盖巴士停靠站并设有轮椅停放处

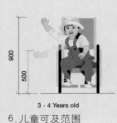
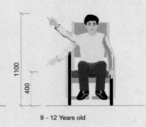

6. 儿童可及范围

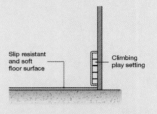

7. 有攀爬游玩设施时的地板设计

原则四：建议在沿途提供座位，并在座位边设轮椅停放处。同时，设置雨棚或绿荫，供长者和残障人士歇息（图2）。

原则五：建议提供无障碍通道以连接住宅区及巴士站，并最好设有雨棚，使通道成为全天候行人系统的一部分（图3）。

原则六：建议提供声音信号提示到站巴士前往的方向。

原则七：建议在巴士站设置雨棚和座位，供长者和残障人士使用（图4）。

原则八：建议设置至少有一个大于1200mm×800mm的轮椅停靠空间，供轮椅人士停靠等候巴士。

原则九：建议汽车落客处应靠近住处入口。其深度至少应有3600mm，包括1200mm宽的轮椅通道与下斜路缘石相连（图5）。

原则十：在交通繁忙地区和情况许可下，建议汽车道路系统与行人道路系统分隔。

（2）长者与残障人士的卫生健康

下列设计要点与长者和残障人士密切相关：

• 医护设备最好靠近住宅区。
• 住宅区附近最好设置护理机构。
• 最好设置户外和室内的健体设施。

（3）长者与残障人士的社交设施

社交生活对包括长者在内的每一个人都很重要。由于大部分长者已退休，日常社交接触可能减少，不免孤单。户外的社交和交谊空间可以扩展年长居民的社交机会。

设计户外的社交和交谊空间时，建议应为长者和残障人士设置无障碍设施。

三、符合香港情况的空间设计

1. 使用轮椅的儿童卧室空间设计

建议可及范围应全面顾及坐轮椅的儿童，前方或侧面的可及范围如下（图6）：

• 3～4岁的儿童，可及范围500～900mm
• 5～8岁的儿童，可及范围450～1000mm
• 9～12岁的儿童，可及范围400～1100mm

（1）家居摆设

• 建议架子和橱柜的位置应顾及儿童的可及范围。
• 如没有窗防护栅栏且有儿童居住，家具最好不要放置在窗旁。
• 建议在卧室的一边，至少留有900mm的空间。
• 建议卧室至少应设有1500mm×1500mm的轮椅旋转空间。如不能提供此空间，则至少留有宽达900mm的通道，可通达所有家具及房门口。
• 建议在可能成为阅读地方的位置设置指向工作灯。

推荐方案

• 在资源许可的情况下，最好在儿童卧室设置适合年龄的摆设和设有安全措施的游玩空间。
• 游玩设备如设在墙上，建议应检查装置是否稳妥及有足够承载力，地板也应防滑和具有消减冲击力的能力。建议安装在墙上的游玩设备不应靠近窗户，以及有尖角或凸出物（图7）。
• 家具应该耐用和稳固，高度和摆设位置应可调校。

2. 长者和残障人士卧室的空间设计

长者和残障人士，尤其轮椅人士，对房间内的活动空间会有更高

要求(图8~10):

• 为确保有足够空间让轮椅通过,建议门的净宽度至少为850mm。

• 建议在卧床的一边,至少留有900mm的净空间。

• 最好在室内提供一处1500mm×1500mm的净空间作为轮椅旋转空间。

• 建议在开启的方向,在靠近门把手一侧的墙面,应留有500mm宽的墙面净空,作为轮椅使用者开启门的操作空间。

3. 长者和残障人士客/饭厅的空间设计

(1)家具

• 在资源许可的情形下,建议应设置结构稳固的家具,并且不应有尖角或凸出的边角。

(2)家具摆设

• 为方便长者、残障或视障人士使用及安全起见,建议家具的摆设应有条理,使用时有足够的轮椅操作空间(图11)。

• 建议应在客厅提供儿童游玩空间,促进儿童、照顾者及长者之间的交流与活动。

推荐方案

• 在情况许可下,家具最好不要靠近窗户。

• 沙发旁或电视机对面最好设有轮椅停放处,面积至少为800mm×1200mm。

• 最好在窗户前至少留有1500mm×1500mm的轮椅操作空间或转动空间。

• 建议在轮椅停放处设置指向工作灯,方便阅读和进行依赖视力的工作(图12)。

• 建议家具颜色使用对比色,并可在物料上区分,方便视障人士使用。

(3)花槽

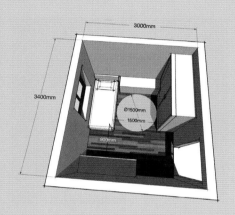

8. 长者卧室方案一

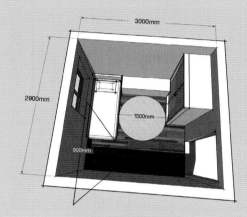

9a. 长者卧室方案二

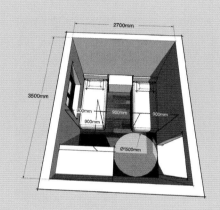

9b. 长者卧室方案三

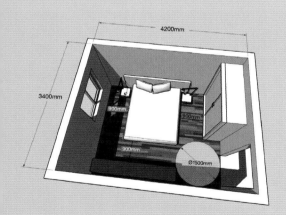

10a. 长者卧室方案四

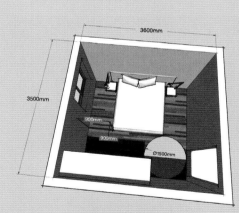

10b. 长者卧室方案五

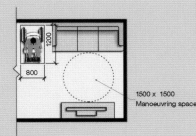

11. 客饭厅的轮椅停放处及操作空间

12. 轮椅停放处工作灯

接触自然界是居民生活的一部分，在家中摆放植物，可为经常逗留在家的人士增添生活姿彩。

- 为方便轮椅人士活动，花槽的高度建议应介乎400~1000mm之间（图13）。
- 避免种植有刺和有毒的植物，以免受伤。

4. 多代同堂住宅平面设计

香港家庭传统上会长幼同住。为了避免冲突，容纳自主和私隐，最好能够局部分隔长幼两代的生活空间，并通过共用地方将两代居住空间相连。此类住宅可能采用的平面规划如下（图14）：

推荐方案

- 在情况许可下，餐桌、橱柜、架子及沐浴设备等家具最好应可调校高度，以方便不同人士使用（图15）。
- 在情况许可下，建议主人房应设置可移动的间隔，以便使单人房可改为双人房，灵活使用（图16）。

5. 临近游乐场的空间设计

临近的游乐场和露天场所必须方便出入，容易到达，并且安全。游乐场的规格最好能为残障儿童提供平等机会，而露天场所则应提供方便易达的社交空间。

(1) 临近游乐场的入口

- 建议入口应远离交通要道，并且方便有残障的儿童到达。
- 建议入口的净宽度至少要有900mm，1500mm则最为理想。
- 建议入口要有通道接驳，并连接所有游玩设施、接驳元素和空间。
- 建议入口两旁均应设有至少1500mmX1500mm的轮椅操作空间。

推荐方案

- 在情况许可下，建议游乐场应有护卫员巡逻。
- 建议在儿童游乐场的入口，设置标示使用者年龄和安全使用警告的指示牌。

(2) 临近游乐场的通道和斜道

- 建议无障碍通道应连接所有游玩设施。
- 游乐场通道最少净宽度应有1500mm。如果难以提供1500mm的通道，宽度至少要有900mm，并于每10m在通道旁设有至少1500mmX1500mm的轮椅操作空间。
- 建议无障碍通道表面必须防滑。游玩设施的底部和周边通道的表面应有减缓冲击力的功能，并应定期维修。

(3) 临近游乐场游玩设施的地面

- 建议地面撞击范围应有减缓冲击力的功能。
- 建议游玩设施底部及周边应设有安全防护地面。

(4) 临近游乐场的游玩设施

- 建议临近游乐场应顾及残障儿童的需要，设有多元化的游玩设施。
- 建议在地面为视障儿童提供无障碍游玩设施，例如触板和可发声的设施。
- 建议高架的游玩设施应顾及畅达设计措施。
- 建议游玩区应按年龄组别分开，所有设施均应显示适合的年龄组别。

推荐方案

- 建议每类设于游玩场地的游玩设施中至少有一个设施位于无障碍通道上。
- 建议至少要有一半的高架游玩设施设于无障碍通道上。

(5) 临近游乐场的转移梯级及斜道

- 建议设置斜道、转移平台或转移梯级，供使用轮椅或其他行动辅助器的儿童摆放这些工具后，转移或升高至高架的游玩设施。
- 如果高度有变，斜道及转移梯级应设于无障碍通道上。
- 建议转移平台的高度应在350~450mm之间，宽度应不少于610mm，深度不少于350mm。

13. 客厅花槽位置

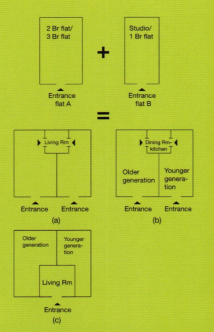
14. 长幼两代居的平面规划

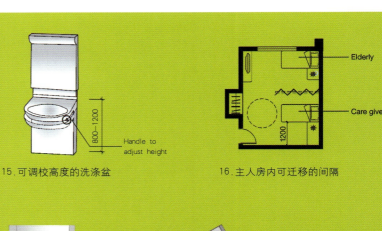
15. 可调校高度的洗涤盆　　16. 主人房内可迁移的间隔

17. 游乐设施的转移平台

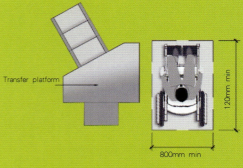
18. 设于转移平台旁的轮椅停放处

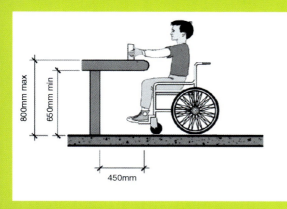

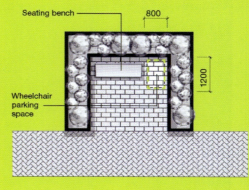

19. 游玩桌的膝部空间　　20. 游玩桌的细小凹进处　　21. 社交角的轮椅停放处

● 建议转移梯级的高度不应超越200mm，宽度不少于610mm，深度不少于350mm（图17）。

● 建议在第一个转移平台侧，应设有1200mm×800mm的空间，供轮椅停放（图18）。

● 建议在斜道及高架走廊两旁设置扶手。

● 建议扶手的直径或宽度应介于25～40mm之间。

推荐方案

● 如需要使用转移的方法通往每一个高度，建议在转移平台和转移梯级处提供转移承托。

● 如果使用转移系统，建议使用爬行管道和隧道等创新的通道，连接各种高架游玩设施。

(6) 临近游乐场的游玩桌

● 建议预留予轮椅的膝盖净空间不应少于650mm，宽度不少于800mm，深度不少于450mm（图19）。

● 建议游玩桌不应高于800mm。

● 建议游玩桌边沿应圆滑。

● 建议游玩桌应设于荫棚下。

推荐方案

● 建议在游玩桌边应设有一个细小的凹进处，用以摆放手杖、雨伞或袋子（图20）。

● 建议游玩桌边应设有挡条，以防游玩物品坠下。

(7) 临近游乐场的照明

建议游乐场应有足够光线照明。照明度最好在75～120lx之间。临近地区的照明越大，便应设置越高的照明度。

6. 临近露天场所的空间设计

如有扩大居住的空间，可从临近的露天空间着手，这些空间可为长幼提供个人休闲和社交的地方。如要露天场所有效地切合各种组别居民的需要，则须考虑不同年龄残障人士的需要。

(1) 露天场所的入口

● 建议在入口设有清晰的方位指示。

● 建议入口的净宽度不少于1200mm，最理想值大于1500mm。

● 建议使用指示牌显示出口方向。

● 为方便视障人士，建议指示牌的颜色选用对比色，并设有凸起的盲文及字母/文字。

推荐方案

● 在情况许可下，露天场所最好设置于住宅区中心地带。

● 入口外面最好种植有香气的植物，协助视障人士寻找和辨认地点。

(2) 露天场所的通道

● 建议通道连接主要入口及所在活动地点。

● 为协助视障人士，建议在不同的活动点铺设不同的地面物料。

● 为协助视障人士，建议在指示牌前设置方位引路径。

推荐方案

● 为方便视障人士辨认方向，各类通道旁最好应种植不同气味的植物。

(3) 露天场所的社交区

● 建议在露天场所设置社交区。

● 建议在社交区设置雨棚和上盖。

● 建议在社交区设置长椅及给成人的座位，应设有扶手及椅背，以增加舒适度。

● 建议在社交区的长椅旁设置至少800mm×1200mm的轮椅停放处（图21）。

推荐方案

● 建议在社交区的周边栽种植物，增添视觉趣味。

● 出于安全考虑，建议社交区不应被植物遮蔽。

● 在夜间开放的社交区，建议应提供足够的照明，最好在75～120lx之间。

(4) 露天场所的植物

● 出于安全考虑，尤其是为了视障人士，建议树木如有低生横枝便应修剪，或将之种植于远离无障碍通道的地方。

● 建议应考虑利用不同植物，营造一年四季均充满视觉趣味的景致。

推荐方案

● 花卉植物建议要选用对比色，以供视障人士欣赏。

● 建议避免种植有害和有毒的植物。

* 该文摘选自《香港住宅通用设计指南》，由香港房屋协会授权《住区》使用。

香港颐乐居
Jolly Palace, Hong Kong

开发商及项目管理者：香港房屋协会
运　营　商：基督教灵实协会
建　筑　设　计：Leigh & Orange Limited
结　构　工　程　商：Ho Tin & Associates Consulting Engineering Limited
建　筑　工　程　服　务　商：P&T (M&E) Limited
建　筑　估　算　提　供　商：Bridgewater & Coulton Limited
风　景　设　计：Team 73 HK
医　疗　咨　询　提　供　商：Thomas Adsett Group (H.K.)
饮　食　咨　询　提　供　商：Kitchen Concepts (Hong Kong) Ltd.
交　通　咨　询　提　供　商：Hyder Consulting Ltd.
主　承　包　商：Hip Hing Construction Company Limited
占　地　面　积：1638.7m²
总　建　筑　面　积：实用面积：11298m²
　　　　　　　　　公摊面积：2550m²
　　　　　　　　　娱乐设施面积(免除)：510m²
　　　　　　　　　合计：14358m²

香港房屋协会 Hong Kong Housing Society

1. 实景图

一、前言

颐乐居(Jolly Place)是由香港房屋协会和基督教灵实协会共同筹办的项目，旨在提供一种可使年长者享有尊严并独立生活的安全而积极的环境(图1)。作为"年长者安居计划"(简称SEN)中的试点项目，颐乐居是香港首家设施全备、面向中等收入之年长者的养老居所。其提供专业化的看护服务，使年长者得以颐枕无忧，颐养天年。

SEN满足了一些年长者在私营部门与现有的公共部门之计划那里均未能得到充分满足的需求。这是一个进阶式的计划，使年长者在健康和能够自主活动的时候为他们长远的居所和看护作出接续性的安排。SEN始终以追求居住与服务的高品质为宗旨。

SEN始自1995年中进行的市场调查与可行性研究。彼时香港房屋协会确定，以中等收入水平、能够独立生活的年长者为对象的专用型住房存在着一定的市场空间。由此形成的计划旨在将高品质的居所与专业化看护及相关的支持性服务相结合。

颐乐居由一幢居于5层底座之上的27层居住型大厦构成，内设243套公寓，拥有护理、康复、娱乐以及辅助设施。其奠基工作始自2000年中期，2003年6月竣工。自2003年8月推出以来，颐乐居备受市场及住户好评，实现了为具有社会性以及经济独立性的年长者提供优质舒适之居所的

大堂

底层：大堂与停车场

医护服务受理处　护理室

通往毗邻的Woo Ping C&A Home首层的步行天桥　首层：护理中心　护理中心

2. 底层与首层平面及相关设施

使命。颐乐居提升了退休颐养领域的一种文化，为香港的年长者提供了一种替代性的优质生活方式（图2～4）。

二、设计

1. 设计理念

（1）新的类型学

颐乐居是一个依照国际标准来开发的全面而具有创新性的项目其认真地对待设计的每一个方面，以确保创造一种家庭式的与香港的年长者的期望相适宜的环境。项目团队对居所的位置、规划和布局，所提供之设施及服务的标准，材料的使用以及细节的处理均进行了严格审查，并辅以建筑场址以外的模拟公寓来了解年长者的需求和期望，项目的运营效率以及建造可行性。同时，还寻求了基督教灵实协会、住房及看护服务专家和潜在客户的早期参与，并依照其意见采取了相应措施。

（2）主题

颐乐居的建筑设计的出发点，是将年长者的居所与专业化的看护服务在一种家庭式的环境中融为一体，以使年长者能够"安枕无忧，颐养天年"。为此，项目团队确立了下列的设计目标：

· 一种家庭式而非机构式的环境
· 独立式公寓，以培养独立生活
· 全面的辅助设施，以使居住者在需要的时候能够在他人协助下生活或集体生活
· 在私秘性与集体生活之间达成平衡
· 普遍适用的设计，以满足从健康到虚弱的不同水平的依赖性
· 安全性，包括防火安全以及紧急状态呼叫设置
· 有助于强化自我认同、自尊和尊严
· 确保安全与舒适

（3）社会——文化反应

在规划与设计的初期阶段，香港房屋协会、基督教灵实协会以及Leigh & Orange访问并认真考察了海外的养老机构，并认真考虑了其创新的思想与香港文化及生活方式的适宜性。

实例1：

尽管在其他文化中地毯是一种普遍使用的具有居家感的地面铺设材料，但对潜在的最终使用者进行的严格调查表明，在香港使用得更为广泛的木质地板更有居家感，也更适合香港尘土大、湿度高的环境。

实例2：

海外的养老院很重视赋予每一位年长的居住者个体性的身份，令他们有充足的空间来装点和个性化所居公寓的门户。考虑到其可行性，在结合香港的环境，因地制宜地

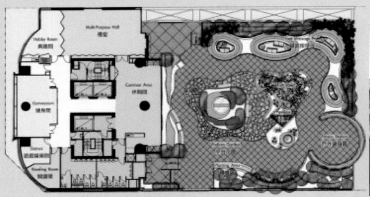
二楼：娱乐设施以及大厦底座花园

阅览室

多功能大厅

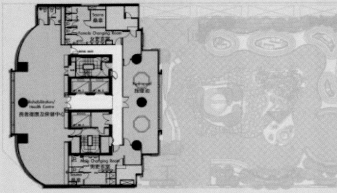
三楼：康复设施

水池

大厦底座花园

3. 二、三层平面及相关设施

典型的地面升起的大堂，拥有座位区和超宽走廊

第6层至第35层典型的楼层平面图

厨房

典型浴室

单卧室公寓——约35m²

开放式起居室——约35m²

卧室

起居室

开放式起居室

4. 典型平面及室内陈设

转换这一构想之后，项目团队确立了通过设定的空间来实现个性化的公寓装点的原则。

(4) 居所

在均衡了使用者希望拥有多种多样的设施的愿望，并同时保持这些设施在狭小的场址中的实用性之后，项目将设置：

• 全面的护理设施，包括一处护理看顾中心和康复健康中心。

• 娱乐设施，包括多功能厅、业余爱好室、游戏室、阅览室、健身室、水池、共用活动区以及拥有花草自植区、太极区、鱼塘、舒展足部的小径和配备年长者运动器材室的底座花园。

• 辅助设施，包括一处提供餐饮服务的中心餐厅，一处洗衣房以及由毗邻的基督教灵实协会Woo Ping护理看顾中心提供的废物收集和更多的看顾及护理辅助，可借连接两栋建筑的人行天桥前往。

2. 美学

颐乐居的美学要求不以愉悦眼目为止境，设计者对于建成环境给居住者的福祉带来的影响作了细致的考虑和精心的处理。由于大多数居住者已经退休，他们在颐养住所度过的时间可能远远多过在普通的居民楼，在占地狭小的楼宇中提供多样的空间体验对于丰富他们的日常生活有着至为关键的重要性。同时，保持空间的简明是同样重要的，这样居住者就能够轻松享用各种设施。通过对色彩与材料的仔细选用，颐乐居努力令其使用者有陶然其居的感受，并使年长者的日常生活丰富多彩。

这是为一种更为深远的目的服务的美学：真正促进生活的舒适和身体的康泰。

3. 着眼于形成具有认同感与环境协调的外部设计

项目团队对于颐乐居在将军奥及其特殊的社区环境下所起的作用也作了考虑。从一个层面来讲，颐乐居与（其他）鲜亮的彩色建筑协调一致，进一步丰富了这一地域的多彩建筑。从另一个层面来讲，颐乐居可视为基督教灵实协会根基稳固的医疗与卫生保健社区与服务的进一步拓展，其通过建筑语言与色彩设计与毗邻的Woo Ping护理看顾中心一道构成一种设施全备的社区的形象。

建筑的形象在赋予居住者以认同感方面有着根本的意义。对颐乐居而言，应展示何种形象，提供何种环境并无先例可资启发。香港的供年长者颐养之用的住房往往与机构化的形象联系在一起，不够人性化，也不为人们所认同，颐乐居的设计打破了这一成见，为颐养生活的含义开辟了新境界。在年长者的颐养居所应使其有亲和感的这一认识的指导下，项目设计决定遵循优质民居建筑规范。颐乐居的外貌迥异于机构化的养老院，而与商品化的住宅楼相似，为居住者带来居家的感受。

4. 着眼于安适与实用的室内设计

颐乐居的设计是以用户为中心的。考虑到居住者变化的身体状况，易于辨别性、方向感以及空间的差异化对于创造一种年长者可以轻松惬意享受的环境有着至为关键的意义。通过提供明晰、易于理解的布局，借助色彩及统筹协调的标识设计的使用，颐乐居为使用者享受多样化的空间体验提供了便利（图5）。

实例1：

门户上的标识设计了图片框，这样居住者就可以向邻舍展现自己，同时可以帮助那些可能忘记门牌号码的人辨识，也增强了SEN社区的归属感。

实例2：

大厦整体采用了对比鲜明的色彩，以便于识别，如从电梯的轿厢可以很容易地识别不同的有特点的楼层，也可以容易地将走廊与楼梯的扶手区分开来。

采取同样设计的还有典型的大堂座椅，便于识别不同的楼层。

5. 景观设计

大厦底部的花园为年长的居住者提供了一个绿色健康的环境。在狭小的可用面积之内，花园赋予了各个区域独特的个性，令年长者难以忘怀。

花园为居住者提供了多样的设施与景观，如供动态使用的舒展足部的小径和健身中心，供静态使用的带有鱼塘的水体景观、亭子、座位区以及花草自植区。声、光、色、味的交互作用起到了激发感官的作用。植物的种类经过精心的选择，以使居住者对其的感受更为细腻。质感坚实的景观制作的细节处理被精心地融入质感柔弱的景观制作，实现了一种整体上浑然一体的设计。

5. 安适与实用的室内设计

6. 设计特点（图6）

颐乐居服务于年长居住者，其设计特点应对了居住者在身体、心理以及社会方面的需求，具体包括：

在居住公寓中：
- 便于坐轮椅者的双猫眼
- 免提式内部通话系统
- 为实现无障碍使用而进行的无阻碍设计
- 不产生明火的电炉子
- 浴室里增加热度的取暖灯
- 浴室防滑倒扶手
- 可轻松清除残余物的特殊地面排水装置
- 两面开合的浴室门，可供紧急情况下的急救之用
- 供夜间取亮之用的低位插座
- 应急灯

对于进入楼宇、垂直及水平方向的运动：
- 便于轮椅运动的加宽走廊
- 带有座椅和便于使用的控制面板的宽大的电梯
- 呼叫护士键兼智能楼宇进入键

此外，家具、配件与器材（FF&E）由基督教灵实协会、Leigh & Orange与保健顾问特别挑选，以适应年长者的使用。其中包括特制的家具和带有特殊织物及泡沫的床、康复器材、保健器材以及健身器材。

7. 安全设计（图7）

在防火安全方面，一般养老院的限制是高度不可超出街道水平面24m以上，以便在发生火情的紧急情况下进行救援。颐乐居项目团队与消防署一道进行了审核，以确定如何实现高层年长者公寓的防火安全。

大厦在典型的居住楼层的逃生楼梯处设置了避难区，顶棚也被设计成具有避难功能的房顶。此外，安装了通常不要求居住性公寓安装的喷洒器、烟雾与高温探测器，以进一步强化火灾防范。

在一般的安全性方面，整个大厦安装了呼叫护士系统，以使护士能够及时回应居住者的紧急呼叫。

8. 无障碍使用设计

由于年长者变化的身体需求，颐乐居充分考虑需要使用轮椅或助步工具的居住者的需求。但是，应对那些不需要这样的助步工具的居住者的心理需求被认为是同等重要的。在缜密的研究及与年长者看护方面的专家和潜在用户进行的模拟式审核之后，项目确立了"均衡提供"的理念。即提供平衡物理设施，以确保体弱者的需求得以满足，同时不提供太多的有侵扰性的、可能使健康的居住者产生消极情绪的功能设施。意图所在，是使提供的设施在居住者迁入之后可由基督教灵实协会不断进行审核，以确保在需求与理想之间始终保持一种细腻的平衡。

9. 考虑到未来需要的灵活性方面的设计

颐乐居要为有着一系列身体问题的居住者提供居所，因此将灵活性纳入设计之中，以满足因住客的变更或因住客本人身体的虚弱程度的变化而产生的需求。比如，在典型的公寓浴室中设置了玻璃淋浴隔间，可以在居住者要求时改装为浴帘。

三、社会责任与伦理原则

1. 社会责任

作为一种非营利性的应对住房需求的机构，香港房屋协会一直以来在对香港变动不定的社会状况作出回应。SEN计划的施行，愈加增强了香港房屋协会对其所担负的进行创新的社会责任的敏感性。

SEN应对了一个隐而未彰的问题：香港已经开始摆脱传统的大家庭模式，那么能够独立生活的人们在老境渐至的时候如何照顾自己？在市场调研的基础上，SEN提供给他们一个以目前市场上尚无法获致的方式来掌握自己的未来的机会。

颐乐居是原型式的SEN开发项目。这是一种新型的建筑类型，提供了一系列的新服务，建立在具有创新性的成套金融措施的基础之上。无论它是否被类似的项目所效法，无论其所取得的教训是否以其他方

公寓中的免提式门户对讲机、紧急情况警报器以及开门按钮

供夜间取亮之用的低位插座

浴室里的取暖灯

公寓入口的双猫眼门户

宽大的电梯里面的座椅和扶手

电动医疗床

便于使用的控制面板

辅助式浴室

康复器材

便盆清洗机

特殊护理用的家具

6. 设计特点

安装于所有公寓中的喷洒系统

安装于所有公寓中的可视火灾警报器
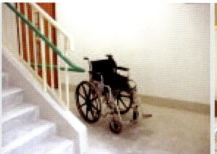
典型楼层逃生楼梯处的避难区

卧室中的呼叫护士按钮

7. 安全设计

8. 专业化的保健支持
9. 保健服务与设施
10. 颐乐居的社群活动

式得到运用,有一点是颇有可能的,即香港房屋协会将发现,对针对数量迅速增长的年长人口之未得满足的需求的细致周密的楼盘的需求将持续增长。

2. 伦理原则与优良做法(图7～10)

在颐乐居的整个开发过程中,最终用户的利益被置于优先地位,以使其能够"安枕无忧"和"颐养天年"。

颐乐居既未得到直接的补贴,从庸常的地产开发经济学而言也不具备商业上的可行性。香港房屋协会运用其资源,以目标客户可以承受的价格来提供居所和服务,造成回收期过长。

有资格的申请者支付大约30万～60万港币的入住费即可终生居住,相当于在20年的租住期内每月支付大约2000港币。在退租时,一笔余款将返还给租住者或他们的继承人。如果他们的境况或偏好出现变化,这笔余款将有效地允许参与者选择退出这一计划而不致承受惩罚性的损失。与颐乐居的建筑和其服务一样,财务方面的安排同样将用户的需求置于优先地位。

3. 与当地社区的融合

颐乐居是一处新社区中的一幢重要建筑。视居住者的需求而定,娱乐、社群活动以及护理设施可以对外开放。因此,它有可能成为当地年长者的社交中心,也由此给居住者带来社会方面的益处。

与之相反,通过利用毗邻的基督教灵实协会Woo Ping护理及看顾中心现有的辅助性服务,如废物收集、洗衣以及医疗护理,颐乐居增强了此类服务的延久性,对双方都有利。

从外表上看,颐乐居像是一幢优质的私营居住性楼宇。这被认为是与投资其公寓的居住者的地位相适宜的。其建筑设计意在安适地栖居在四周的楼宇当中,这些楼宇的形式和规模大多是相似的。周边环境富于色彩,颐乐居则与之应和。主体敷设淡黄瓦片,杂糅以棕色斑点,并以绿色与品红元素使之生动。其温暖活泼之貌,当与年长之居者相契合,颐乐居以名实相符为旨归。

五、结语

建筑质量可从许多方面来审视。在颐乐居,质量始终与最终用户的需求与期望相关联。该建筑采取了一种自觉与居住规范相符合的美学,但它远不仅是因循成规之作。

怀着为实现"安枕无忧"、"颐养天年"所需的住房及护理服务支持提供一种一站式解决方案的理想,颐乐居填补了对私营经济而言不具可行性,而香港的其他任何机构又都无力填补的住房市场空白。在设计意图的坚定性和建造的细致性方面,它达到了高远的标准,同时也实现了一种确保身体状况参差不齐的人们轻松方便地使用的具有创新性的功能规划。此外它更有一系列的设施和护理服务,并在一块狭小的场地上提供了大量高价值的居所。所有这些都按时在预算以内实现了,且没有依循他人之旧轨。颐乐居对香港房屋协会及整个社会而言都是一种原型。自2003年10月以来的来自住户的反馈也令人欣慰地说明,首个SEN项目实现了它的使命。

* 翻译:高军
* 该文由香港房屋协会提供

面向老年人口的居住建筑设计
——烟台市老年福利服务中心设计分析
Residential Building Design for the Elderly People
Analysis on an aged care and service center in Yantai

薛鹏程 于 鹏 Xue Pengcheng and Yu Peng

[摘要] 结合项目设计，分析老年人的心理与生理特性，对老年人居住建筑的设计进行探索。

[关键词] 老年人居住建筑、老龄、残疾

Abstract: *Based on the project design experiences, with analyses on their psychological and physical characters, the article explores the question of residential building design for the elderly people*

Keywords: *residential building for the elderly, aged population, disability*

前言

随着中国人口老龄化时代的到来，老年人在居住上的问题也凸显出来，为了保证老年人居住的安全性和舒适性，对其居住需求进行充分的了解是必不可少的环节。

笔者参与了烟台市老年福利服务中心（二期）老年公寓的方案及施工图设计，在此总结该项目中针对老年人居住建筑的设计方法，着重从平面及空间设计、建筑构造及设施的设计等方面进行探索，为今后的相关设计提供参考。

烟台市老年福利服务中心位于烟台市莱山区主干道之一的山海路西侧，本次设计的四栋公寓楼延续了一期已建建筑的走势，整体坐落于山坡之上，环境较为优雅（图1）。其扩展了一期建筑的规模，满足了大量不能自理的老年人对建筑更高的使用要求。

一、项目面临的要求

第一，在总结已经投入使用的一期项目的设计经验的基础上对设计思路进行精细化。

第二，充分了解不能自理的老年居住者的要求，包括生理、心理及生活习惯等方面，以及作为使用者的老年人在生活习惯上的一些共性。随着老年人各方面的机能衰退，对于他们的居住设计应当有老龄与残疾的双重考虑。

第三，随着社会生活条件的普遍提高，人们对居住质量的要求有了普遍的提高，老年人自然也不例外，所以新建的老年人公寓的居住质量必须符合现代的标准。

二、设计及研究方法

第一，充分发挥实地调研的重要作用。通过与服务管理人员及老年人居住者的沟通，在设计之前对老年人的心理、生理、生活习惯等多方面状况进行深入了解。内容包括：老年人的生活习惯与模式；居住者和管理人员对现有建筑的使用评价以及对新设计建筑的要求；一些对老年人居住者而言较为复杂或有困难的行为动作。

第二，建筑与室内设计的脱节一直是现在的设计中所存在的一个严重问题，所以，我们通过对项目的深入了解

1.烟台市老年福利服务中心总平面布置图

以及设计中的精细化控制,希望对将来的室内设计和建筑空间的二次设计做出较为优化的尝试和建议。

三、共通原则

通过调查和研究,我们得出了一些本类建筑设计中的一些共通性原则,以此来指导设计,使设计的目的更加明确。

1. 动作辅助类扶手

老年人由于身体机能的衰退,生活中经常反复的一些简单行为动作都极可能成为一种困难,甚至是安全隐患,如移动重心或保持某种姿势。所以,在老年人居住建筑中的卫生间、厨房、公共空间中应考虑设置一些必要的辅助类扶手。例如,卫生间的坐便器旁辅助老年人由坐姿变为站姿的安全抓杆,淋浴器下部的安全抓杆及浴凳,公共走廊的靠墙扶手分别距地650mm和900mm,以满足步行者和轮椅使用者的不同需求。

2. 轮椅的通行

很多老年人都是依靠轮椅作为代步工具,建筑的内部空间设计直接影响着轮椅的通行。建筑入口处的坡道宽度以1.2m为宜,居室内的一些内走道同样不宜小于1.2m,居室的门洞宽度宜≥1.0m。一些内部空间尺寸应考虑轮椅的自由旋转,例如居室的门洞宜设置不小于0.5m宽的门垛,卫生间的门设置为外开形式,为轮椅在卫生间内的自由活动提供方便。同时室内地面应尽量保持平整,对于一些如门口线之类的必要高差均以舒缓的坡道进行过渡。

3. 细节与其他

比起矮柜,老年人更喜欢在床头摆放一些较高的家具以便起身时撑扶,同时亦便于存取药品等琐碎物品。

其次,老年人喜欢坐在阳光充足的地方,所以在窗前留有一定的空间或在居室内设计有视野开阔的阳台是必要的,也可以满足老年人喜欢养花草的要求。

再次,更多的老年人有起夜、翻身、打鼾的习惯,所以除极个别情况,大多数老年人更喜欢分床睡,避免彼此的影响。

另外,老年人对于温度的变化比较敏感,应尽量避免使用空调。冬季的采暖方式采用地暖,对于老年人的健康来讲是非常合适的。

四、项目设计分析

本次所设计的建筑功能主要为不能自理的老年人服务,需要体现老龄残疾人居住建筑的一些基本原则(下面以本项目中的7#楼作为代表建筑来进行介绍)。

1. 平面功能设计

总平面的确定是建立在满足基本生活需要和保证一定居住质量的基础上的,相对于简单的公寓设计,本项目设计了老年人居住区域、医护区域以及公共活动区域。每一层均设有就餐区域，同时对应了老龄与残疾的特性，轮椅的使用也是无处不在的，在主要的交通空间设置能够容纳担架、轮椅以及保证日常大量老年人进出的医用电梯同样是可取的。此外，虽然绝大多数老年人都喜欢分床睡，但是我们考虑到在这样一个公共性的居住群体中的特殊性，还是设置了供夫妻双人居住的房间，满足老年人一些心理及生活上的需要。

需要补充的是，由于大多数老年人视力衰退，所以我们认为，老人常去的空间应尽量能够直线到达，故在设计中采用了最简单的直线走廊来组织所有的功能，而不需要过多的空间变化，方便居住者的使用。

2. 空间设计的要求

考虑居住者与大多数来访邻居的特性，室内的空间尺度是以轮椅的活动为基本尺度标准。公共走廊的宽度达到2.8m，能够满足一辆轮椅驻足时，其他的轮椅或行人仍然能够顺利地通行；而居室内的走道最窄处宽度为1.2m，满足一辆轮椅与一个正常人共同通过；公共的娱乐室等起居房间可容纳若干个轮椅同时活动，各个房间内均可满足一张轮椅的旋转。

3. 活动的集中性

为了避免轮椅使用者频繁移动的不便，我们将公共活动的地点尽量集中，每个单体建筑均设置了集中的公共活动区域。

4. 建筑构造及设施的设计

地面：由于居住者的室内活动大多依靠轮椅，为保证其方便与安全性，室内地面尽量保持平整，对于一些如门口线之类的必要高差均以舒缓的坡道进行过渡。同时由于老年人平衡能力的下降，我们不建议采用较光滑的地面材质，防止对老年人造成不必要的伤害。此外，采用采暖效果更加均匀舒适的地暖，同样避免了突出的暖气片易与使用轮椅的老年人的脚部发生碰撞的安全隐患。

公共走廊：所有门厅及公共走廊距地面650mm及900mm高处分别做

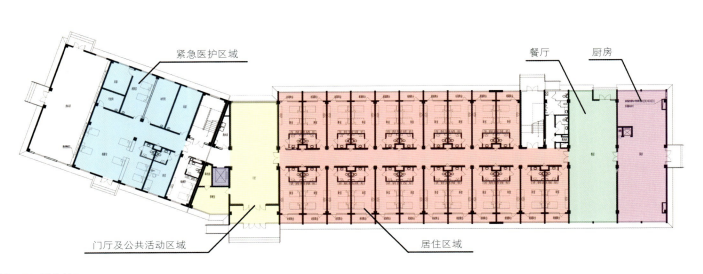

2. 7#楼一层平面分析图

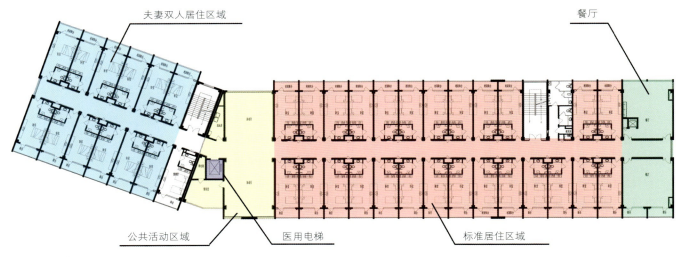

3. 7#楼标准层平面分析图

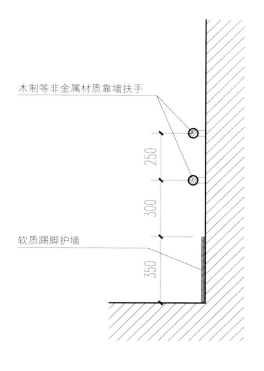

4.公共走道靠墙扶手及护墙详图

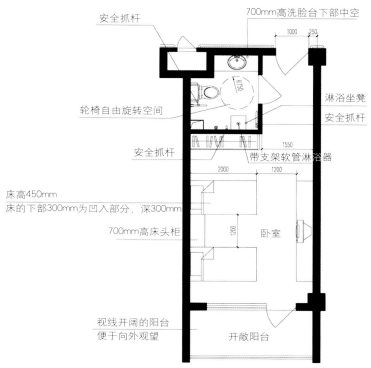

5.标准居室布置详图

靠墙扶手，并推荐采用手感舒适的木制等非金属材质。

此外，在墙面距地350mm高处设软质踢脚护墙，防止轮椅碰撞。

室内设施：为方便老人夜间上卫生间，床的规格长度宜为2.0m，高度0.45m，可从床尾与床侧双侧上床。床的0.3m以下为凹入部分，深度0.3m，方便使用轮椅的老人脚部伸入。

床头柜的高度宜为0.7m，可以作为坐起时的扶手使用，另外可具有较大的容积，用于存放老人的药品及小物品。

此外老年人一般喜欢坐在阳光充足的地方，故居室内设有一个视线开阔的阳台是十分惬意的。

最后，居室内卫生间的设计是非常重要的，我们设置了完整的洗浴、洗漱、坐便等卫生设备，使正常的和有残疾的老人均能使用。卫生间的门采取外开的形式，方便了轮椅在内部的自由旋转。用浴帘保证空间上的干湿分离，并为坐便器设置了安全抓杆，便于行动不便以及身体残疾的老年人使用时起坐。同时，为有效地利用空间，我们选择了淋浴的方式，并采用可翻起的淋浴凳。翻起时，正常人也可使用淋浴，而对于体力不好的老年人尤其是身体残疾的老年人可方便地坐于淋浴器下方的浴凳进行洗浴，并通过旁边设置的安全抓杆坐起，具有一定的安全性。最后，洗脸盆的设置高度宜为0.7m高，且下部中空，可供轮椅插入。

5.材质及细部

家具及部分设备的材质多采用木制、塑料等牢靠也手感舒适的材料，尽可能避免使用金属、玻璃等感觉冰冷或易碎的材料，使其具有一定舒适程度的同时也能保证其安全性。

五、结束语

通过此次项目的设计和总结，我们希望在老年人居住建筑的相关设计方面能够获得一些积极的收获和经验，并对以后此类型的项目提供一定的参考，利用其中的一些心得与尝试来避免因片面设计而带来的某些失误。

作者单位：烟台市建筑设计院

为孩子的设计
——北京城市住区儿童户外游戏行为与环境观察报告
Design for Children
A field report on outdoors playgrounds in Beijing's residential districts

袁 野 *Yuan Ye*

[摘要]本文通过对城市中的特殊人群儿童在城市住区户外环境中的游戏行为进行实地观察，总结出儿童的基本户外活动规律，并对当前北京城市住区中游戏场所普遍存在的问题进行了剖析，进而对城市住区儿童户外游戏环境尤其是游戏场的设计提出一系列具体建议。

[关键词]住区、儿童、户外环境、游戏行为、游戏场所

Abstract: *Based field observation on the usage of outdoor environment in urban residential districts, the article summarizes basic outdoor behavioral patterns, analyzes the existing problems in outdoor playgrounds design and puts forward recommendations for outdoor playground design in urban residential districts.*

Keywords: *housing district, children, outdoor environment, game behavior, playground*

一、引言

儿童是社会的未来。

儿童的生活环境对其成长起着至关重要的作用，这早已经成为社会的共识。一个人在童年所经历的一切，会在他心灵上留下极其深刻的印象，并会伴随和影响他的一生。作为设计者，我们的目标就是创造一个符合儿童的生理、行为及满足儿童心灵的自由快乐的环境，为孩子们留下一个充满魅力的童年时期。

游戏是一种极为古老、极为普遍的人类活动。关于游戏产生的机制，在西方有很多观点，如柏拉图认为游戏源于一切幼仔（动物的与人的）要跳跃的需要；亚里士多德则把游戏视为劳作后的休息和消遣，本身并不是目的；康德和席勒等近代哲学家把游戏与艺术联系起来，认为游戏与艺术同源；心理学家帕克也提出游戏的价值在于"欲望的想象性满足"，他把价值分为"真实生活的价值"与"想象的价值"两类，而游戏的价值属于后者。对儿童游戏进行深入研究的是瑞士心理学家皮亚杰，它通过关注物件在儿童游戏中的使用以及游戏与探索之间的关系，系统研究了游戏对儿童认知能力发展的影响，为游戏的产生提供了最接近科学的解释。所有这些关于游戏的理论的共通之处就是揭示出游戏在人类文明及生命成长过程中所具有的无可替代的原初力量。

对于儿童来说，游戏是他们的天性。游戏以及通过游戏学习几乎是他们生活的全部内容。无论是在住区还是

幼儿园或学校，游戏场所和游戏设施伴随着儿童的整个童年，尤其是户外的游戏，对于儿童具有特殊的意义。儿童的户外游戏不仅仅是他们释放精力的过程，更是重要的学习过程，即通过视觉、触觉、嗅觉等角度去感知周围环境的过程。"游戏是个人早期学习和发育的主要载体，身体发育与跑、跳、攀爬等大幅度或大运动量活动关系最为密切。通过这些活动，儿童们逐渐了解自己的身体，意识到它的能力和局限性，通过学习特定技能还会产生优势感和自尊感"[1]。心理分析学家和教育家埃里克.H.埃里克松在讨论作用和相互作用时说："作用需要严格的界限，然后是在这个界限内的自由的运动，没有严格的界限也就不存在作用。"埃里克松提出"禁忌的环境"和"适应的环境"的平衡概念，认为这种平衡会影响一个人对环境的反映，从而加强或抑制他的潜在能力的完全的实现。儿童由于智力的不成熟，受环境的影响非常大，同时儿童又具有"原动"的特征，当家长告诉孩子不要乱跑时，孩子就会对周围环境产生禁忌的心理，这往往与孩子的好奇和冒险的天性相违背，从而打击他的信心和创造力。而游戏正是提供给孩子以全身心的投入冒险和创造历程的机会，这种行为以孩子在空间中的活动为主要特征。游戏调动了孩子的所有感官，头脑和身体的潜力，并与周围环境无时不在发生互动。

儿童对环境的反应比成年人更为直接和活跃，他们会以一种非常直接和细致的方式来感受环境。心理学家使用"环境压力"来描述人在某种环境下所体验到的心理力量，认为"这种力量可以塑造人们在这个环境下的行为"[2]。实体环境的性质能够对儿童产生直接的刺激性影响，能够激发他们的想像力，并发展他们的感知和认知能力。所以，我们为儿童所创造的空间和环境，应该能为儿童提供多样化的行为活动机会，以符合和促进儿童身体和认知的发展，并尽可能丰富他们童年时期的人生经历，为他们的成长和童年生活做出重要贡献。美国著名儿童保育专家安妮塔·鲁伊·奥尔兹博士提出以下观点，即"满足儿童生活的4个基本环境要求为：1.鼓励运动的环境；2.提供舒适的环境；3.培养能力的环境；4.鼓励儿童调整感官的能力"[3]。她认为满足并平衡这四个基本要求是儿童环境设计者的责任。

几乎每一个成年人都会对自己童年的居住环境有难以磨灭的印象并怀着无比美好的情感。作为儿童最重要的成长环境之一（学校或幼儿园是另一个重要环境），城市住区无疑承担着关键的作用，因为住区的户外环境为儿童提供了最直接的游戏场所，并与儿童在家庭中的生活密切相关。然而，我国当前住区儿童游戏环境的设计现状并不能令人满意，对住区游戏环境设计中的问题还普遍存在认识上的误区，这表现在很多住区规划者和环境设计者忽视儿童户外游戏的基本需求，对儿童的行为心理缺乏了解，意识不到儿童游戏环境对儿童的健康成长所起到的重要作用。游戏环境往往被作为住区规划和环境设计的细枝末节来对待，或者认为只要提供满足规范要求的场地，做一个沙坑，添置几件游戏器具即可。然而，儿童所真正需要的远远不止这些。

二、观察记录与场景解读

为了了解当代城市住区户外儿童游戏环境的真实情况，探寻儿童的户外活动规律和游戏需求，并期待发现设计上存在的问题，笔者对北京一些有代表性的城市住区进行了实地考察。通过亲身体验、观察、客观地记录以及分析思考，试图验证以上理论，并在此过程中对所观察到的现象和发现的问题予以解读和剖析，以考察报告的形式呈现。

考察对象：北京城市集合住宅小区

考察目标：儿童游戏行为与游戏环境

考察方式：观察法，利用照片、手绘草图及文字做现场记录

考察时间：春夏秋冬四季，上午、中午、下午、傍晚

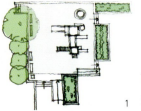

1. 游戏场平面
2. 游戏场剖面

1. 华清嘉园

游戏场占地面积约100m²（约10m×10m），处于社区中心广场的一端，与广场之间用矮绿篱相隔，呈现半封闭的状态。场地与周围有一定高差，靠台阶和坡道相连（图1~2）。

第一次　夏天　上午　10:30~11:30　晴

游戏场空无一人（图3），多数家长和保姆带着孩子（2~5岁）聚集在社区广场的一端，在树荫下和钟塔的阴影下活动。在没有任何游戏设施的情况下，孩子们依然玩得开心。一个有趣的现象是孩子喜欢围绕钟塔转圈（图4）。

3. 空无一人的游戏场
4. 围着钟塔转的孩子

稍大一点（6~10岁）的孩子，在路上和广场上骑车或滑轮滑（图5）。没水的下沉水池，成为儿童理想的轮滑场，界限明确且比较安全（图6）。

第二次　冬天　上午　11:00—12:00　晴

5. 玩轮滑的大孩子
6. 无水的下沉水池

游戏场上有十几个孩子在玩，年龄处于2~5岁之间，其中约有一半正在滑梯上玩，其他的在家长的带领下，在游戏场的空地上和游戏场周边玩耍或观望其他小朋友（图7）。两个6~10岁之间的大孩子，在水池的边上放鞭炮。这些大孩子并不在意在阴冷的阴影中玩，只是沉溺于自己的游戏中，而且可以长时间专注，不像小孩子的注意力那么容易分散。在这个没有为6~10岁孩子考虑游戏场所的住区内，水池成为他们天然的游戏场（图8）。

7. 热闹的游戏场
8. 放鞭炮的孩子

第三次　春天　下午　6:00~6:30　晴

游戏场热闹非凡（图9~10），各种年龄层次的人群在此会聚交流，成为整个住区最活跃区域。这是游戏场的黄金季节和黄金时间：春天、傍晚和非双休日下班及放学后、晚饭前后。无数片断化的场景共同营造了这悠闲和快乐的气氛。

9. 热闹的游戏场
10. 各种人群汇集

• 一群孩子在干涸的水池里追逐奔跑，爬上爬下，把整个广场都当成他们的游戏场（图11~12），过一会，几个男孩子又把这里当成了足球场（图19）。

11. 下沉水池里的孩子
12. 仿佛是在"冲锋"

• 孩子们沿着铺地图案进行绕圈比赛，大人们在旁边鼓励加油（图13）。

• 一个男孩钻进树篱，另一个也想

13. 铺地成为游戏工具
14. 钻树篱的孩子

体验这种躲藏的快乐(图14~15)。
- 钟塔下铺满卵石的狭小空间总是孩子们最迷恋的场所。他们沿着高墙转圈,不时从缝隙中穿过(图16~17),总想在这里发现什么,一旦找到,就兴奋异常,如阿基米德般大喊"找到了"。
- 两个孩子在桥下玩土,乐此不疲(图18)。

场景解读:

(1)从观察中发现,儿童游戏根据年龄段不同可分为:

A.1~2岁,家长带着玩

B.3~5岁,家长看着玩

C.6~10岁,孩子自己玩及和家长一起玩

(2)2~5岁儿童的最佳户外活动时间大约在上午10:00~12:00以及傍晚17:00~19:00。上午的主要原因是这个时间段阳光充足,空气新鲜,同时也是儿童一天当中精力较为充沛的时间。但是在夏天,由于上午的日光比较强烈,如游戏场暴晒在阳光下,家长会带着孩子到有阴凉的地方,不会选择游戏场。傍晚的时间主要是因为家长下班后可以陪孩子一起玩,且无论那个季节,傍晚的温度比较适宜户外活动。

(3)2~5岁儿童的游戏对他人几乎无干扰,而6~10岁儿童的游戏会对他人产生较明显的影响,如噪声、破坏性、快速地奔跑打闹对他人造成的危险。同时他们可以自由地活动并可能会出现在社区的任何地方,是社区中的"游牧民族"。精力旺盛的孩子们不会局限于固定的游戏场,而是会把整个广场甚至整个小区作为他们的游戏天地。但游戏场依然是一个中心,它吸引孩子们来到这里,然后他们会暂时跑开,再跑回来。游戏的气氛就这样向外扩散。

(4)儿童喜欢丰富的环境,喜欢热闹,喜欢和别的小朋友尤其是比自己大一点的小孩在一起玩。寻找和发现是儿童最具特征的行为,对石子和土的兴趣极大,因为总能在石子中发现什么,而土则由于没有形状,玩出花样的可能性最大,也最容易释放想像力。

(5)孩子们会创造性地利用环境中的一切,丝毫不会理会它们原有的功能。如下沉的干涸水池,广场铺地的图案都成为他们的舞台和道具。

2. Soho现代城

游戏场平坦,无任何高差变化。高于孩子视线的绿篱围在北面形成屏障,向南则是开放的。绿篱被设计成简单的迷宫形式,富有趣味。

第一次 冬天 上午 9:50~10:30 晴

上午,整个游戏场处于阴影之中,空无一人,直到十点多,幼儿园的孩子们在老师带领下,集体来到游戏场,进行有组织的游戏(图20)。

几个保姆带着小孩在阳光明媚的大台阶上活动,高台上没有防护栏杆,小孩在上面奔跑,和保姆玩掷球的游戏。当一个或几个孩子玩游戏,会吸引其他孩子来观看或参与。一些保姆和家长看到游戏场上已经有一群孩子在玩时,也把孩子带到游戏场,虽然不能加入,但在一旁观看也能感受到那种快乐的气氛。往往看别人游戏的孩子也会长时间全神贯注,仿佛进入想像的游戏中(图21~22)。

10:30是幼儿园早操的时间,幼儿园成了整个住区的活力中心和关注的焦点,行人和其他带孩子的父母把孩子领到附近观看(图23)。

第二次 冬天 下午 4:30~5:00 晴

下午,游戏场依然处于阴影之中(图24)。两个小女孩在家长看护和帮助下荡秋千,三个男孩儿在追逐打闹,游戏场的设施对他们来说

15. 钻树篱的孩子
16. 寻找宝贝
17. 与墙亲密接触
18. 玩土的孩子
19. 下沉水池成球场

20. 有组织的游戏
21. "危险的"游戏
22. 两组游戏,两类孩子
23. 早操的吸引力
24. 阴影下的游戏场

25. 男孩与女孩
26. 树篱迷宫
27. 迷宫中的追逐
28. 上午处于阴影中的游戏场
29. 树篱迷宫的空间尺度
30. 冒险性游戏
图片来源：Environment Design, Process, Architecture, NO.79
31. 纽约河滨公园游戏场（路易斯·康与野口勇合作设计）
图片来源：王向荣，林箐. 西方现代景观设计的理论与实践. 北京：中国建筑工业出版社，2002

32. 阴影下的游戏场
33. 玩石头的男孩子
34. 骑单车的孩子们
35. 渴望冒险的男孩

仿佛毫无吸引力，而约1.5m高的绿篱围墙形成的迷宫则成为孩子们追逐和捉迷藏的理想场所（图25~27）。绿篱的另外一个重要的作用是可以形成阻挡冬日寒冷北风的屏障。

场景解读：

冬天的上午，坦露在阳光下的场地是2~5岁儿童最好的去处，而处于阴影中的游戏场则不适合儿童活动（图28）。游戏场应设置于阳光能够长时间照到的位置，而不应布置于长时间处于阴影下的位置。这一看似简单的要求却被多数住区环境设计者所忽略。如果条件有限，至少应该使上午（10:00~12:00）和傍晚（17:00~19:00）的阳光能够照射到游戏场，因为这是儿童户外活动最为频繁的时间。但同时，完全将游戏场地暴露于阳光下，在炎热的夏天就会成为无人光顾之地。建议种植合适的树木，以过滤正午和下午的阳光。

可以进行躲藏的"迷宫"式空间显然更让孩子们喜欢（图29）。通过对绿篱进行巧妙设计，可以营造这样的空间，这也为孩子们玩"捉迷藏"创造了条件，甚至在华清嘉园里没有经过空间设计的绿篱就已经起到了这样的效果。

培养孩子的冒险精神和保护孩子的安全是一对矛盾，但更多的时候，与保姆相比，家长可能在安全方面顾虑过多，而不让孩子进行看似危险的活动。然而，冒险性的游戏对于儿童的成长帮助极大，因为这是增强他们自信心的最佳方式（图30）。

同多数住区游戏场一样，该游戏场地缺乏高差及铺地变化等富有趣味的设计元素。认为拥有游戏设施就是拥有游戏场是一种肤浅的看法。如果我们看一下路易斯·康和野口勇合作设计的纽约河滨公园游戏场方案，就会意识到没有游戏设施一样可以通过景观设计的手法让游戏场充满趣味和挑战，甚至可以成为一件雕塑艺术品（图31）。

3. 富力城

富力城的游戏场面积只有几十平方米，设施也很简单，与住区的巨大尺度很不协调。

冬天 下午 1:00~2:00 晴

游戏场也处于阴影当中，空无一人（图32）。

干涸的人造河床上，堆满了大块的卵石，这吸引了大孩子的注意。他们对这种破败和杂乱的景观仿佛充满兴趣，踢石头，在石头上走，举起石头砸向地面，然后大声叫喊，旁若无人，整个社区沉静的气氛被他们打破（图33）。但好景不常，在一个工人的呵斥下，几个孩子慌忙跑开，结束了这种被大人认为胡闹的游戏。

更普遍和安全的玩法可能就是骑单车，整个住区都是他们探索的世界（图34）。但对于男孩子来说，即便是骑车，也要冒点险才更有意思（图35）。

场景解读：

游戏场地面积过小，游戏设施种类少且千篇一律，工业化和商品化的痕迹过重，缺乏自然因素和具有人情味、创造性的设施，缺少给孩子提供自我创造的机会。

6岁以上的孩子，几乎很少在游乐场玩，这与住区缺少可供这个年龄段儿童游戏的场地和设施有关，也与他们的旺盛精力和探索欲望有关。他们三三两两地出现在住区任何可以到达的地方，更多的是在住区环境中创造性地利用环境和设施，发现游戏的机会（图36）。这个年龄段的男孩子往往会选择具有冒险性的活动。但对于女孩来说，缺乏可供这个年龄段女孩子玩的场地和设施使骑单车几乎成为她们唯一的户外游戏。

36.干涸的河床成为石头游戏场

4. 阳光100

冬天 上午 11:00～11:30 晴

游戏场处于阴影下，几乎全天都见不到阳光，冷风更让人在这里难以久留。同时由于处于两栋高层住宅楼的夹缝中，视线不够开阔，是社区公共生活的边缘地带（图37）。几个家长带着孩子在这里玩，但时间不长，陆续走掉（图38）。尽管游戏设施比较齐全，但设施之间缺少联系，处于分离的状态。缺乏场地设计的游戏场也难以长时间吸引儿童。

场景解读：

没有阳光的游戏场是最糟糕的游戏场。

儿童的兴趣是片段的、不连贯的、随时变化的。幼儿活动的特点之一是玩完一个游具又去玩另外一个游具。如游具也是片段化的，儿童一次只能玩一个游具（图39）。但如将设施连在一起，儿童的兴趣就会被串起来，也会使很多儿童同时玩一套设施，这会增强他们交往的机会，提高儿童的社交能力。这种"连接体系"比分散的游乐设施在同样的面积条件下接纳更多的玩耍儿童。更进一步说，在"连接体系"中，每种游戏设施的游乐方式大大地增多了，丰富的玩耍选择解决了孩子们为独占某一设施而发生的争端。更为重要的是，随着游戏活动的进行，"连接体系"使游戏内容的复杂性随之增加，当孩子们对一个简单的游戏内容表现出厌倦之后，连接体系马上还有另外一些更为复杂，有趣的活动等着他去探索（图40），这就使儿童的成长过程与游戏产生了更好的对应关系[4]。

37.阴影下的游戏场
38.冷清的游戏场
39.传统的孤立设置的游戏设施
图片来源：阿尔伯特.J.拉特利奇.大众行为与公园设计.王求是，高峰译.北京：中国建筑工业出版社，1990
40."连接体系"的游戏设施
图片来源：阿尔伯特.J.拉特利奇.大众行为与公园设计.王求是，高峰译.北京：中国建筑工业出版社，1990

5. 枫林绿洲

冬天 下午 5:30—6:00 夕阳 天色渐暗

未找到专门的游戏场，但在小区中发现一处螺旋形下沉广场，曲线形的坡道成为大孩子玩滑板的游戏场。小孩子在家长的看护下，也对高差的有趣变化和对大孩子的游戏充满好奇（图41~42）。但是，过多的人工化的铺地让环境有一种冰冷感。

场景解读：

游戏场地应具有环境标识性，这种标识性不应只通过游乐设施和标识牌，而应通过场地自身的特征来体现，如该场景中的下沉广场和环形坡道（图43）。场地高差的明显变化对各个年龄段的儿童均具吸引力，其中最值得一提的是环形的坡道。贝聿铭曾经提到在他的几个孩子童年的时候，他经常

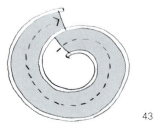

41.螺旋坡道的趣味
42.体验速度的冒险
43.螺旋坡道游戏场

带着他们去各个博物馆参观,但唯有到赖特设计的纽约古根汉姆博物馆中才能让他们兴奋异常,主要原因就是中庭下面盘旋的坡道对孩子们具有巨大的吸引力。

6. 清枫华景园

秋天 下午 4:00—4:30 晴

游戏设施旁一条接近干涸的小溪让几个孩子玩得乐此不疲。小溪中仅剩的一点水和水中的小鱼无疑是他们兴趣的焦点。相比富力城的大型人工水景,这里更显出自然朴素,而较小的景观尺度,也让儿童容易接近并将游戏行为融入景观之中(图44~45)。

场景解读:

和设计僵化的、由一块块塑胶地面拼成的场地相比,儿童更喜欢相对自由和自然的场地,包括:丘陵、土坡或斜坡、沟渠、小溪或小水塘、隐蔽处、沙坑、树林、花园、洞穴、泥土地面或未加修饰的荒地、草地等(图46)。亲近自然是人的天性,更是儿童的天性,当代的都市环境忽略了这一点。大量僵直的线条和生硬的形式充斥在环境中,与儿童的天性相抵触。只有当儿童的游戏与自然结合的时候,当他们接触水、泥土、树叶、蚯蚓、鱼、毛毛虫的时候,他们的天性才会得到最大限度的释放,从而对其成长助益极大。

7. CLASS住区

夏天 下午 1:30—2:00 晴

游戏场无人,如果这块只有一个沙坑的场地也算是游戏场的话。显然是为成人设置的活动器具实在没有必要放置在为儿童准备的铺地上(图47)。某宅前角落发现一个小秋千,虽然孤单,但这富有童趣的一景让人感到温馨(图48)。

场景解读:

认为游戏场只是一个沙坑的想法是如此普遍,这种想法无视儿童的智力和敏感心理的需要,忽视了儿童的游戏权利,放弃了为孩子创造成功的成长环境的机会,结果是降低了社区的环境品质。更为严重的问题是缺乏对社会性游戏的考虑。社会性游戏是指需要多名儿童配合才能完成的游戏,根据其行为特征可以大致分为:a.运动性——追逐、打闹等;b.竞争性——比赛、争夺等;c.建构性——堆沙、建造等;d.戏剧性——过家家、捉迷藏等。社会性游戏对儿童社交能力培养和身心健康成长具有重要作用。尽管学校、幼儿园提供了让孩子们相互交往的机会,但在住区和城市中通过游戏自发地交往,并可以接触到各年龄段的孩子,这种开放性是学校和幼儿园所无法提供的。

在住宅旁边设置小型的游戏场地和游戏设施是值得变到赞扬的做法,这与社会性游戏并不矛盾,而是有益的补充。一方面,这让儿童的户外活动更为方便。另一方面,儿童有独处的心理需求,提供相对小的私密并具有安全感的空间,可以让儿童独处或与最好的伙伴单独相处。很多人在童年时都有这样的经历:钻到柜子里睡觉。这种只能容纳一个人的空间却令孩子无比痴迷。赫曼.赫兹伯格提出:"不论何时,当让幼儿园的孩子自己游戏的时候,他们倾向于形成一些小的组群,可能比人们所期望的还要小一些;而常常这些城堡的建造者和扮演父亲及母亲的孩子,在小的空间里比在大的空间里,更感到像在家里一样自在。牢记这一点,设置几个小的沙坑而不是一个大的沙坑是一个好主意"(图49)。这段话告诉我们,游戏

44. 自然景观与游戏
45. 抓鱼的孩子
46. 自然的游戏场地

47. 无人的"游戏场"
48. 宅前的秋千

49. 可以独处的空间
图片来源:赫曼·赫兹伯格. 建筑学教程:设计原理. 仲德崑译. 天津:天津大学出版社,2003

空间的领域感很重要，领域感令儿童产生强烈的自我意识，使他觉得拥有自己的世界，如果他愿意，可以与其他人共享这个空间。

8. 建外SOHO

冬天 中午 12：00—12：30 阳光充足

建外SOHO并非单一居住功能的住区，而是向城市开放的兼具居住、办公及商业功能的混合社区。这里并未考虑专门的儿童游戏场所，但值得一提的是两栋办公楼之间的旋转木马。这种一般只有在公园游乐场才会见到的大型游乐设施出现在这里，着实给人以惊喜（图50）。

场景解读：

它并不是专为建外SOHO社区而设置，而是为城市营造童年和节日的气氛作出贡献。当旋转木马转起来时，突然让人产生一种童话降临般的异样感觉，一种久违的怀旧和欢乐情绪弥漫在这城市的角落。

儿童不仅仅生活在住区和幼儿园里，更是生活在城市中。C•亚历山大认为"如果儿童们不能去探索他们周围的整个成人世界，他们就不会成长为名副其实的成年人。但是，现代城市险象丛生，儿童们不会被允许去自由探索"[6]。城市规划应该考虑儿童的成长环境，使游戏场不局限于封闭的住区和幼儿园里，而是扩展到整个城市。

50. 旋转的都市木马

总体评价：

从以上典型的设计实例中，我们可以发现在北京当代住区中儿童游戏环境所普遍存在的问题：

1. 游戏场所仅仅限于住区内部，很难与其他小区共享，更无法做到融入城市。在住区外部难以见到公共性的儿童游戏场所和设施。

2. 在城市住区儿童游戏场所的规范制定上存在空白。在《城市居住区规划设计规范》以及《居住区环境景观设计导则》等相关的规范中都未对儿童游戏场所的面积、设施等作出规定，也未对日照、通风等基本要求作出较明确的说明。这也是多数住区游戏场面积偏小（甚至无游戏场）、位置不佳、设施不足的重要原因之一。

3. 大多数游戏场的设计千篇一律，鲜有精心且创造性的游戏环境设计，也就更难以发挥儿童的自主创造能力。产品化的游具设施单调、贫乏，很少见到组合式或"连接体系"的游具（注：华清嘉园的游具是调研中仅见的组合型游具）。

4. 当代住区游戏环境设计的问题即是依然延续功能主义的思考方法，将儿童的游戏行为简单看做是一种功能需求，认为通过单一的游戏场的设置即可满足功能需求。而大量的环境异用现象说明，儿童的游戏行为绝不仅仅限于固定的游戏场，他们会发掘环境中任何有价值的游戏空间，整个住区都可能成为他们的游戏场所。

5. 小尺度的空间在我国当前的住区游戏环境设计中很难见到，取而代之的是形式化操作而带来的大量无意义的空间。

三、对住区儿童游戏环境设计的10条建议：

基于以上的考察和分析，本文对住区儿童游戏环境的设计提出以下建议：

1. 设计者应将自己想像成一个孩子，试着蹲下来，透过孩子们的眼睛观察世界，从孩子的尺度和心理角度考虑问题，特别注意儿童在活动场地中走动、奔跑、攀登及爬行时的目光视线。可以通过回忆自己的童年，挖掘记忆中最深刻的空间及场所体验作为设计的灵感源泉。设计前花时间和孩子们呆在一起，亲身体验一下他们的生活，观察孩子们的行为和生活是十分必要的（图51）。

2. 关注细节，对于触觉要格外关注，在儿童手和脚所经常触及并容易感知的部位如扶手、台阶等处，利用安全、舒适和多样化的材料，培养儿童对事物的敏感和认知能力。

3. 游戏场在住区中的位置选择应遵循以下三个原则：一是游戏场必须放置于阳光充足

51. 儿童的行为特征

图片来源：阿尔伯特.J.拉特利奇.大众行为与公园设计. 王求是，高峰译. 北京：中国建筑工业出版社，1990

52.大树作为标志性景观
53.钟塔作为标志性景观

54.原型化的形体
图片来源：Aldo van Eyck—the playgrounds and the city. Stedelijk Museum Amsterdam NAi Publishers Rotterdam.
55.原型化的空间
图片来源：Environment Architecture. Process Architecture. NO.121
56.模拟分子结构的孔洞

57.富有高差变化的场地

58.培养合作精神的创造性游戏
图片来源：赫曼·赫兹伯格.建筑学教程：设计原理.仲德昆译.天津：天津大学出版社，2003
59.废旧轮胎的随意组合
图片来源：克莱尔·库帕·马库斯，卡罗琳·弗朗西斯.人性场所——城市开放空间设计导则.俞孔坚，孙鹏，王志芳等译.北京：中国建筑工业出版社，2001

的位置，不一定要求全天日照，但至少应保证上午和傍晚儿童活动的最佳时间的阳光能够照到；二是游戏场应放置于住区中较醒目的位置，使得周围楼群尽量多的视线能够到达，以利于家长和社区管理人员能够随时照看玩耍中的孩子；三是游戏场周边应该有一定的安全缓冲空间，因为儿童经常会跑到游戏场外面玩耍，所以游戏场应该有一个相对合理的活动半径，最好与成人的活动场地或广场相毗邻，而不应该孤立在角落里，但应相对独立，用矮墙、树篱或栅栏分割，处于半封闭、半开放状态为宜；这样儿童的活动范围就可以扩大，并且在游戏时可以接触更多的成人，这对于他们的成长是极其有利的。

4.要考虑家长的需求，因为家长会与儿童尤其是5岁以前的儿童形影不离，并且家长的数量在游戏场中可能比儿童还多。在游戏场的边缘应设置供家长休息的座椅，并距离游戏设施有一定的安全距离，且应能使家长看到每一件游戏设施。座椅旁边应留有充分放置婴儿车的空间。游戏设施之间也要考虑到家长看护儿童游戏的空间需要。

5.更为重要的是，游乐设施不仅仅是功能性的，更应具有一种象征性和精神性，在其周围一定范围内应能形成游乐、轻松和安全的氛围。游戏场最好有标志性的景观，以增加游戏场的幻想特色和可识别性，如大树、钟塔、大风车、小土山、矮墙、大平台等，甚至雕塑（图52~53）。这样能使得游戏场在儿童头脑里形成清晰的图像，从而产生依恋感。如高耸的钟塔和周围的环境更能吸引孩子们，因为他们可以围着钟塔转圈，可以追逐和躲藏。

6.原型化的设计更容易打动儿童的心灵，如圆形、三角形、方形、六边形等形体的运用（图54）。洞穴状、有缝隙和空洞以及任何凹陷式的具有围蔽感的空间容易吸引孩子们（图55~56），这可能与未出生时在母亲子宫内的体验有某种内在的关联。具有神秘感的场地会极大激发儿童的想象力，创造具有神秘感同时又不会产生恐惧感的场所，对景观设计是一个巨大的挑战。另外提供具有舞台特征的景观元素，可以满足儿童对于个人表现的渴望和对于戏剧及角色扮演的兴趣。

7.由于儿童的感知发育是多方位的，视觉之外还有触觉、听觉、嗅觉、味觉。所以，应该在游戏场的设计中，尽量包含多种感知的机会。如提供声音（如风铃、地板的咚咚声、树叶的沙沙声）、各种质感的墙面和地面（如树皮或卵石）等。因为儿童对地面的注意力会远比成人高，建议注重场地地面的设计，提供富有变化的高差，如土坑、小山丘、坡道、台阶等，促进儿童对于高度的感知能力以及拓展他们的活动能力（图57）。

8.应提供设施和机会，让儿童能亲自动手创作，并在这个过程中，与其他小朋友进行合作和交流。尤其是水与沙土所形成的塑性会激发孩子们的动手能力、想像力和合作精神（图58）。C·亚历山大在其《建筑模式语言》的"冒险性游戏场地"模式中建议"为每一邻里的儿童建立一个游戏场地。它不是装修一新的、铺有沥青地面和设有秋千架的游戏场地，而是一块堆放各式各样原料的地方——上面有为数众多的网、盒子、琵琶桶、树木、绳索、简易工具、框架、草和水——儿童们在这里可以创造出或再创造出他们自己的游戏场地"[5]。

9.大型住区应设计规模比较大的儿童游戏场或游戏中心，可与幼儿园或社区广场结合。将游戏场作为整个住区活力的中心之一，同时结合若干小型的游戏场所或游戏设施。应将游戏场看做是儿童学习和成长的工具，而不仅仅是一块供儿童玩耍的场地。游乐设施应贴近孩子们的天性，一根水泥管、一个旧轮胎对孩子的吸引力要远远大于标准化、产品化的滑梯（图59）。

10.建议在城市中充分利用街角、路边的空间,设置开放的儿童游戏场地,使之能为城市中的儿童所共用,同时城市街道和广场的设计应该考虑儿童活动和游戏的需要。荷兰建筑师阿尔多·凡艾克终生致力于将城市残余空间改造成儿童游戏场的工作,并在阿姆斯特丹设计和建造了遍布城市各个角落的开放游戏场,使阿姆斯特丹成为游戏的都市和孩子的天堂(图60～61)。北京不缺少尺度巨大的集会广场,也不缺少功能齐全、设施先进的大型游乐场,当然更不缺少封闭在围墙之内的园林般的住区景观。北京所缺少的正是街头巷尾经过精心设计的小型开放空间,让孩子们在城市的任何角落都能找到可以安全自由地游戏场所。在这里,他们可以结交新的小朋友,可以观察城市和成人的生活,可以学会躲避危险,保护自己,学会寻求帮助和帮助别人。在城市里,在游戏中,他们能够快速长大。

四、结语

为孩子的设计并不简单,需要我们摆脱成人式的偏见,放弃对理念和形式无意义的追求,真正从儿童的需求出发,给予他们最大的关注,并以此作为探索空间和环境设计无限可能的良机。

关注儿童,就是关注未来。

*图片来源:除标注外其余图片均为作者拍摄、绘制

*注:本文的写作得到清华大学建筑学院周燕珉教授的悉心指导,在此深表谢意。

注释

1.克莱尔·库帕·马库斯,卡罗琳·弗朗西斯. 人性场所——城市开放空间设计导则. 俞孔坚,孙鹏,王志芳等译. 北京:中国建筑工业出版社,2001.245

2.约翰逊等. 游戏与儿童早期发展. 华爱华,郭力平译. 上海:华东师范大学出版社,2002.262

3.安妮塔·鲁伊·奥尔兹. 儿童保育中心设计指南. 刘晓光,匡恒等译. 北京:机械工业出版社,2008.10

4.阿尔伯特.J.拉特利奇. 大众行为与公园设计. 王求是,高峰译. 北京:中国建筑工业出版社,1990.39

5.赫曼·赫兹伯格. 建筑学教程:设计原理. 仲德昆译. 天津:天津大学出版社,2003.193

6.C·亚历山大等. 建筑模式语言. 王昕度,周序鸿译. 北京:知识产权出版社,2002.803

60.阿姆斯特丹的城市儿童游戏场分布
图片来源:Aldo van Eyck—the playgrounds and the city. Stedelijk Museum Amsterdam NAi Publishers Rotterdam.
61.阿姆斯特丹的城市开放儿童游戏场
图片来源:Aldo van Eyck—the playgrounds and the city. Stedelijk Museum Amsterdam NAi Publishers Rotterdam.

作者单位:清华大学建筑学院

挪威的老年人住房
Housing for elderly in Norway

凯林·怀兰 *Karin Høyland*

[摘要] 自1990年以来，挪威一直推行颐养有其所的政策。老年人拥有自己的居所被视为一个目标，给住房产业与护理产业带来了挑战，从而提出了不同的解决方案。而研究表明不同老年人"群体"的偏好与需求各有差异，在评估不同的住房解决方案时，必须认识到特殊的用户需求以及建筑与环境之间的关系的不同层面，并以此来讨论住房质量：功能性、信息传递、生存性与社会性。本文的结论建立在过去8年中在挪威完成的不同的研究项目的基础上。

[关键词] 住房质量、老年人、新型养老院

Abstract: *Norway has since 1990 had an ageing in place policy. It is seen as an objective that elderly people should have a dwelling of their own. This aim makes a challenge for both the housing sector and the sector of care. Diverse solutions had been built and studies shows that the preferences and needs, vary from different "groups" of elderly. Evaluating housing solutions one has to get an understanding of the special user needs and the different dimensions of the relation between building and environments. The quality should be discussed threw this different aspects: "The functional aspects", "communicative aspect", "Existential aspects" and "The social aspect". Conclusions are based on different research projects done the last eight years in Norway.*

Keywords: *Housing quality, elderly, new nursing homes*

引言

社会以及人口变化形成了对未来的挑战。我们知道老年人对住房与服务的需求必将增长，但不同的需求很可能要以不同的解决方案来满足。我们仍在探讨，是否需要为老年人建造特殊的住房，如果是这样的话，为谁建造？如何实现？老年人自己更偏好哪一类住房？每位老年人应当承担的责任是什么？应如何划分公共部门与私营部门的责任？本文对这些问题进行了讨论和探索，并辅以三个例子加以说明，它们代表了多种类型。不同的老年人中存在着范围广泛的一系列需求，一端是辅助型颐养安排以及为具有依赖性的老年人建造的养老公寓，另一端则是为活跃与健康的老者建造的住房，这类住房往往由私营部门建设，所有者为老人自己 (Daatland, Gottschalk et al, 2000)。

1a.旧有的先例模式，采取层进式的方法，与住房以及护理方面的整套措施相联系。依据Houben 1997编辑而成。

1b.动态模式下不同的住房解决方案与不同的需求相匹配，以最优方式将服务提供给最需要服务的人，无论其居所在何处。依据Houben 1997编辑而成。

"什么是最好的解决方案"以及"为谁而建"是人们提出的问题，它们并没有简单的答案。老年人的需求有其个性，表现出需求的极端多样性。或许其本身就表明着现代化的挪威生活方式，这就要求提供一系列多样不同的解决方案。这一结论是建立在我们近些年来完成的三个不同的研究项目的基础之上的。我们对施用于不同的老年人群体的不同解决方案进行了考察，并就其日常生活以及养老生活的质量对他们进行了问讯，采用的方法是访谈与发放给老年人、其"次类"人群以及护理人员的调查问卷。

一、物理结构造成不同的格局

在人的一生当中，住房从始至终是一件重要的事，但在老年岁月可能尤为重要，因为我们愈年迈，在住房与紧邻的环境中度过的时间便愈多。因此，环境对于社会生活是很重要的。如果居住者的健康状况不良，而住房又未经适应性改造，环境便有可能成为一种负担并带来妨碍。

1.造成限制的环境

像厚重的大门、门槛和边缘这样的环境因素有可能妨碍居住者在户内和户外自由走动。一位迁入新的辅助型住房的乘坐轮椅的女士说："我无法进出走廊，也无法去公用区，因为门槛太高了。"相反地，较为通畅的环境将使居住者依靠自己的力量在他们的私密空间与公用区之间四下走动得更容易。难以定位的环境不适于患有痴呆症的人，因为这将给他们带来一种不安全和不知所措的感觉。在一次调查（Høyland, 2001）中，户外活动的频率与外出的物理条件之间表现出明显的关联。糟糕的设计将完全妨碍居住者外出，这关乎门槛和边缘。但同样重要的是缺少有保护的户外区域，从而令患有痴呆症的老年人不能在无人协助的情况下四处走动。也有一些辅助型养老住房的例子，其所处的环境（由于距离的原因）使居住者在无人帮助的情况下无法去附近的商店。

2.促使（居住者）活动的环境

另一方面，环境有可能促发（居住者的）活动，并为之提供便利。这方面的例子有像放置在窗台上、可供居住者每天修剪和浇灌的盆栽植物这样的细节。挪威北部的Karasjok有一处公用厨房，用的是烧柴的炉子，生火和看炉子使那里的居住者颇为繁忙。还有商业设施附近的养老院，那里的居住者每天自己坐着轮椅到商店去买报纸。上面的例子说明了环境如何直接促进和便利（居住者的）行动和有意义的活动，即便在年迈体衰的老者的生活中亦是如此。突出环境因素以及去除环境方面的障碍既与像地点和宏观规划这样较高等级的措施相联，也与微小的细节有关。

二、住房与护理并重的需要

因此，我们认为物理环境确实是有影响的。但要指出，解决方案良好与否是由建筑与护理服务一道决定的，这一点很重要。建筑的质量必须被视为用户与住房解决方案之间的一种关系，不同的解决方案可以适合不同的需求。因而，理解不同的用户需求极其重要，需要进一步研究。"老年人"必须理解为不同群体的老年人，其需求必须与空间结构相联系来进行分析。这种分析方法的一个基本前提是，环境与其内容之间的关系应被视为一种相互作用，在这一过程中，特定设计、活动与行为的效果是取决于用户的。理解建筑与环境之间的这一关系的不同层面，就能够将其划分为不同的方面(Kirkeby，2006；Paulsson，2008)。

1. 功能性关乎如何能够将不同的空间用于不同的活动，与功能性和可利用性有关。哪种活动是环境所允许或可引发的？必须既考虑到纯属功能性的方面，又考虑到更为开放的功能性。

2. 社会性关乎环境如何促使人们相互交往或使其感受到群体归属感，以及环境何以支持一种融合感或与他人的隔离感。

3. 信息传递关乎环境如何传递有关使用与定位方面的信息。谁可以使用这一空间，用来进行何种活动？尤其是在为患有痴呆症的人群进行规划时，这是一个非常重要的方面。

4. 生存性关乎人们如何看待他们的环境(住房、社区、城镇或风景)以及在更深的层次上与之建立联系。在建立这些不同种类的联系时，时间层面是很重要的。

三、挪威的养老与医疗

我们知道老年人的数量将增多，但是对于这更为长久的桑榆晚景将以何为特点——是健康独立抑或是需人护理——我们仍所知甚少。近来的研究表明，我们将遇到一种两者兼有的情况(Manton，1997)。在历史上，所有北欧国家因其大量的社区服务而令人瞩目，这表明其拥有大量的由社区运营的护理机构。当机构化的方式只是涵盖人口中的一小部分的时候，用它来解决护理和帮助的需要总是可能的。但作为人人皆可获致的民主权利体系的一部分，它已然变得代价太高昂了。机构化的解决方案因此受到了广泛的批评，它们没有充分照顾到具有独立感和尊严感的人们。长期以来存在着寻求新的解决方案的需求，将私人与社区服务结合在一起的不同的住房模式被视为一种颇有意义的尝试。

考虑到其势日昌的个体本位主义、性别角色的变化以及女性权利，传统的以家庭为本的社会政策将来在各个国家都难以为继。任何一个现代国家都需要发展并扩充社区服务，其中包括不同形式的老年人住房策略。但要找到能够将私人与社区护理结合在一起的解决方案仍非易事。这不仅与成本有关，而且与尊严感和受到真正关切者的照料的感觉有关。许多老年人仍拥有很多的资源，尽可能地打理好他们的日常生活是很重要的。

挪威自1990年以来推行一种颐养有其所的政策。某政治委员会(Gjærevoll委员会，1992)将所有老年人均应拥有一处自己的住房宣称为他们的一个目标。这并不意味着他们应继续住在自己普通的单一家庭住房之中，而是生活在新的与社区服务相结合的新型受保护老年人住房之中。住房愈来愈多地被视为一种个人责任，而公共责任在更大的程度上限于护理和服务。挪威仍在建造一些养老机构，但它们应当主要作为末期病人的安养所，用于短期护理或某些身体衰弱的老年人群体。这种被称为"终生护理居所"的住房代表了一种新型的为身体衰弱的老年人建造的养老院。本文展示了所有这些不同的住房解决方案的样本。但即便在建造新的养老机构，我们仍赋予较小的家庭规模的模式以优先权，也反映出离弃机构(模式)的潮流，从而使家庭协助护理和家庭养老这样的社区服务有了增长。

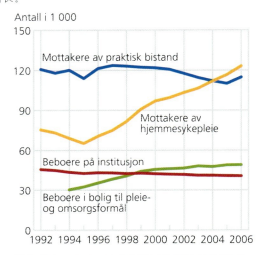

Kilde: Pleie- og omsorgsstatistikk, Statistisk sentralbyrå.
2a. 基于家庭的护理提高了黄线

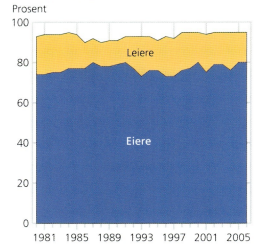

Kilde: Forbruksundersøkelsene, Statistisk sentralbyrå.
2b. 挪威的(住房)所有者与租住者的百分比

四、老年人住房

战后出生的新一代往往在经济上更为富足，其中有不少人有能力支付他们自己选择的住宅。如图2所示，大多数挪威人终其一生都是其住宅的所有者，这使他们即便在老年也有能力支付自己可使用的公寓。这些新一代的老年人也带来了新的生活方式。他们属于所谓的"第三时代"（Laslett，1989）的第一代人，于60年代早期退休，有许多闲暇的年岁，直至在"第四时代"时因为身体出现障碍或健康状况变糟而最终接受治疗。这些"第三时代"者当中有许多人生活在带有大花园和需要维护的建筑的独立式房宅之中，他们感到需要减少维护的责任，想"及时"而动，购买并迁入适合他们的生活习惯的住房。今天，挪威有三分之一的老年人生活在某种形式的公寓大楼之中，有更多的人希望迁往这样的居所（Brevik and Schmidt，2005）。

为了揭示哪些方面对于这些老者在日常生活中是最为重要的，SINTEF建筑与基础设施研究所在2009年做了一个研究项目，对特隆赫姆的四个居住区进行了个案研究。其中的两个区域建设于1995年，1997年的时候曾在那里进行了一个较早研究的一部分。那时居民们身体健康，大约有70岁左右。十年后，我们想更多地了解他们的健康状况，是否仍居住在那里，对住房以及生活品质的看法是否有变化。这项研究关注的不仅是居住者的实际需求以及对帮助的需要，而且关注社会性方面与安全感——他们是如何管理自己的生活的，在哪里碰面，对他们而言什么是重要的。在图表、调查和访谈的基础上，项目对老年人的居家以及日常生活品质的不同方面做了评估。

一些有趣的发现是：居住者认为尽可能长时间地依靠自己的力量生活对于独立生活有着重要的价值，稳固安全的感觉是一个重要的方面。这项研究表明，是否认识邻居能够有力地表明他们是否有安全感。碰面的场所（某些共用的会议室）以及公寓的组织方式影响着邻里之间的接触量。

这些老年人住房项目中有一个拥有54套公寓。在这十年期间，有28位居住者一直生活在他们的居所直至去世，护理是由基于家庭的护理人员提供的。有13位居住者选择了迁出。这表明，对某些老者而言，私有的老年人住房与充分的健康护理相结合可以取代对养老机构/受保护型住房的需求。可获得性当然是至关重要的，其不仅意味着公寓内的可获得性，也意味着服务、文化以及公共交通等手段的可获得性。能够获得社区服务，并在自动报警装置的协助下有安全感是必要的。同时这项研究也表明，社会性方面也包括其他重要的方面。

五、终生护理居所或新的辅助型养老院

挪威的老年人护理在1998~2003年期间出现了重大的发展。由于"养老护理行动计划"的实施，38400处新的终生护理居所和养老院居住单元被建造。需要护理和治疗的老人可以在共用的养老居所中半日制或全日制地（包括白天与夜晚）生活在一起，这些居所的员工是长期性的。养老服务的这种组织方式与机构化的护理有许多相似之处。由于居住者的需求（包括住房与护理两方面）存在差异，建筑与服务体系应当反映这些不同的需求被设定为一个明确的目标，这造成了许多很有趣的新的解决方案。

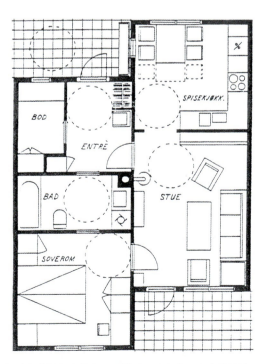

3. 一间卧室的面积大约为63m²的独立式住房。它有供轮椅之用的1.5m的回转直径。

4. "对我来说最重要的事情是有我自己的房子放我自己的东西。即使是身体不好需要帮助，一个人还是有权利保护自己隐私的。"

考虑到鲜有确定的常规，这种新型的解决方案带来了一些组织方面的挑战（可能使情况改善，也可能使之恶化）。作为一个居住者，你仍然生活在自己的公寓中，并与那些生活在无协助式住房中的人们在同一个水平上有资格获取帮助。每位居住者都要支付租金和生活费用，以共同保持养老居所的运转。此类安排与新型机构是否有所区别？区别在哪？一个名为"即便在健康状况衰弱时，仍在自己的公寓中生活"的研究项目对这些问题进行了研究，这是由SINTEF Byggforsk and Fafo 2006完成的一项对新型终生护理居所的评估（Bogen and Høyland, 2006）。

项目获得了一些有趣的发现：

• 居住者有更多的访客，他们最近的亲属比在普通的养老院中更多地参与到护理当中来。

• 与普通的养老院相比，所提供的服务的数量更多地取决于个人的需求。

• 由于思维混沌或身体衰弱，有些居住者需要有人协助他们打理日常生活，长期性的员工可以帮助这些人。

• 尽管身体衰弱，居住者对于拥有自己的公寓很满意。

• 有些居住者感觉不安全，觉得呆在员工"身旁"很重要。

• 能够使用经过适应性改造的户外区域是很重要的，这影响着居住者能够外出行走的频率。

这项调查所取得的经验表明了采取细腻的方式描述用户的重要性。这项研究还表明，私密空间和公用房间的使用有着很大的差异。在一处痴呆症患者的群体居所，居住者的大部分时间是在公用区域度过的。在辅助型养老院中，尽管居住者对护理有着广泛的需求，但许多人还是在私人住房中度过了大部分时间。这意味着，从这些不同的情况中采集经验不仅要求对养老设施及居所类型有精准的定义，而且还要对用户群体与护理水平有同样详细的了解。

在行动计划期间建造的大多数养老居所是群集式建造的独立养老院，带有某种形式的共用区域，其服务的组织方式一般与市政府统辖的其他养老护理服务是一样的。但是也有介乎两者之间的解决方案，提供像共同餐饮或咖啡派对这样的其他服务。迄今所作的调查表明，这种新型的服务对许多老年人很有益处，尤其是那些脑筋还很清楚但需要广泛身体护理的老者。可自由选择私密性与社区活动，将使居住者对他们自己的生活具有更大的控制力。

5."当我看到那些家属在这里感觉像回到家中一样，我想我们成功了。"

简言之，新的养老院模式由较小的单元构成的综合体组成，这些较小的单元有共用的房间使之彼此相联；建筑与养老院的运营将予以调整，以与各个较小的单元相适合；消费品、食品和纺织品的输送直达各单元，中间没有任何形式的贮存间隔；衣物清洗和房间打扫在单元的小社区内进行，由长期员工承担；每个群体由6～10个居住者构成。

我们目前只是刚刚开始从这种新型的协助式养老替代方案中取得经验。在一次旨在勾勒这类新型养老生活经验的调查中（Christophersen, Denizou et al, 2001），一家以精神疾患者为对象的协助式养老院的管理人员告诉我：

"我以前在养老院工作过，我唯一想说的是：必须建造更多的小单元。它从根本上提供了一种全然不同的服务。大型的旧式养老院提供不了质量，只造成混乱。有许多用意良善又有能力的人，但体制是错的。旧式养老院是不同的居住者的大杂烩，有些人心智能力完整无缺，其他人则有痴呆症——这令人发狂。你成为它的一部分，无论你愿意与否。建造较小的单元的确是向前迈进了一大步，我将为自己的父母选择什么样的养老方案是毫无疑问的。"

我们认为，这段引述说明了许多重要的因素：居住者与养老院员工的福祉，以及养老院在延续此类体验方面的重要性。

六、SINTEF的"新型养老院模式改善护理质量"调查

SINTEF在2000年所作的调查表明，对将养老院结构由大型改变为小型化的反应几乎是一边倒的肯定(Høyland, 2001)。有70%的居住者以前住过其他的养老院，90%的员工以前在其他更传统型的养老院工作过。因此，SINTEF将员工、居住者及其家人的经历用作参照点。居住者的家人对于新的组织模式带来的好处有着明确的体认。他们认为，新型养老院的居住环境更安宁、惬意，与员工熟悉起来也更容易一些。与居住者的家人一样，员工们都认为较小的群体对居住者产生了积极的影响，由此他们的工作日更加安静一些，对居住者个人的关心也来得更容易一些，尤其是用餐的时间成为了积极的体验。一位助理护士说："即便我们正忙于做某件事情，我们与居住者总离得很近，我想这带来一种安全感。与以前我工作过的另一家养老院相比，现在下班的时候我觉得自己良心的负担没有那么重。即便想到两个地方的员工人数是一样的时候也是如此。"

七、作为质量理念一部分的生活质量

关于住房与服务质量的研究传统长期以来往往建立在对老者的身体方面和实际护理的基础之上，心理及社会方面的需求通常被当作繁难之事提及，且一般是在次要的层次上，而未被当作评价生活质量中的一个因素。对于使接受护理者体验到尊严和生活质量的真正提高所要求的那些条件，人们现在有了愈加清醒的认识。Tove Dubland在她有关如何提升养老质量的著述中提出了相似的思想，她强调"自然为之"以及在生命的晚景中亦创造"黄金时刻"的重要性。尽管Dubland仅专门研究患有痴呆症的老者，然而，有理由相信，这一视角将是有益的，作为一种新的质量评估方式在更为广泛的层次上亦然。这一方法也给规划者和建筑师带来了新的挑战——即便在居住者身体衰弱时，所有不同的环境也应当是可资利用并且使用起来令人舒心畅意的。

* 翻译：高军

参考文献

[1] Bogen, H. and K. Høyland. Egen bolig – også når helsa svikter?: evaluering av nye omsorgsboliger for hjelpetrengende eldre. Trondheim, SINTEF byggforsk, 2006

[2] Brevik, I. and L. Schmidt. Slik vil eldre bo: en undersøkelse av framtidige eldres boligpreferanser. Oslo, Norsk institutt for by- og regionforskning, 2005

[3] Christophersen, J., K. Denizou, et al. Fellesarealer i omsorgsboliger og sykehjem, Del 1, Kunnskapsstatus. Oslo, Norges byggforskningsinstitutt, 2001

[4] Daatland, S. O., G. Gottschalk, et al. Future housing for the elderly: innovations and perspectives from the Nordic countries. Copenhagen, Nordic Council of Ministers, 2000

[5] Høyland, K. Ny sykehjemsmodell, et bedre tilbud: erfaringer fra tre nye sykehjem. Trondheim, SINTEF, Bygg og miljø, Arkitektur og byggteknikk, 2001

[6] Kirkeby, I. M. Skolen finder sted. Hørsholm, Statens Byggeforskningsinstitut, 2006

[7] Laslett, P. A fresh map of life. The emergence of third age. London, Weidenfeld and Nicolson, 1989

[8] Manton, K. Future trends in chronic disability and institutionalization: Implication for long time care needs. Health Care Management: State of the art Review, 1997

[9] Paulsson, J. Boende och närmiljö för äldre. Stockholm, Arkus, 2008

作者单位：挪威科技大学(NTNU)建筑与艺术学院

苹果花园老人住宅，萨普斯堡，挪威
Eplehagen, Sarpsborg commune, Norway

凯林·怀兰 Karin Høyland

住房所有者：Sarpsborg及周边地区住房合作联社
住房承租方：Sarpsborg市政府
设计者：MVG 建筑师事务所
2001年入住
两组住房，每组有8位居住者
公寓单元面积：39m²
每组住房的共用空间为：起居室、带有就餐区的厨房、电视间、洗衣房、浴室和贮物室

苹果花园老人住宅是一个为患有痴呆症的老人设计的住房项目。其服务由社区提供，有白天和晚上提供帮助和护理的员工。本项目地处乡村，附近有一家学校和杂货店，其建筑围绕一座景色怡人的花园而建。这座花园处于一个闭合的中庭之中，使居住者进出其间而不会走失。建筑的平面布局以及所使用的色彩的选择方式使人们可以很容易地确定方位，其材料和颜色造成一种温暖的居家氛围。花园常常用来在室外就餐和散步。居住者可以闻和摘取花园里面的花朵，品尝其中的浆果，有些则更喜欢看洗浴中的鸟儿。寄发给居住者亲属的一份调查问卷表明，他们对这样的解决方案非常满意，他们当中不会有人再会去选择传统的养老院。

* 翻译：高军
* 供稿：挪威科技大学(NTNU)建筑与艺术学院

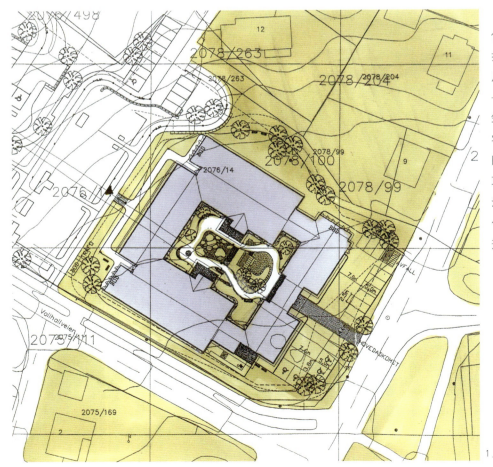

1.总平面图

2. 住宅平面图
3. 住宅与庭院

4.住宅室内

5.住宅室内

布洛塔居住与活动中心，尼德莱艾凯，挪威

Bråta bo-og aktivitetssenter, Nedre Eiker municipality, Norway

所 有 者：尼德莱艾凯市政府
运 营 者：尼德莱艾凯市政府
设 计 者：Arkitektkompaniet AS
建成时间：2005年

凯林·怀兰 Karin Høyland

布洛塔活动中心：

这个中心起着某种社区中心或文化中心的作用，开设社区所有成员均可参加的开放式活动。在其中穿行，依次可以看到餐厅、图书馆、报亭、电脑间、足疗室、理发室、酒吧和小组活动室。老人在游泳池中游泳时是有人看护的，另有来自中学的青少年帮助他们使用计算机。

布洛塔终生居所和养老院：

54套终生护理居所(具有不同的解决方案)。养老院的32处住所位于活动中心的上层，供给需要短期休养护理(居留时间可短可长)、住院治疗后的康复性护理和终期护理(生命近于终结时的护理)的不同群体。

* 翻译：高军
* 供稿：挪威科技大学(NTNU)建筑与艺术学院

1. 中心外观

2.中心活动室
3.中心游泳池
4.5.中心内院实景

哈斯塔忒耐老人住宅，特隆赫姆，挪威
Havstadtunet, Trondheim, Norway

建筑所有者：特隆赫姆及周边地区住房合作联社

设计者：Hagestande og Øvrehus arkitektkontor as

凯林·怀兰 *Karin Høyland*

本住宅项目由34套住房构成，沿一共用庭院/花园形成两个建筑群。居住者拥有自己住房的所有权。有两室也有三室的公寓，建筑面积大约为60或75m²。本项目距离市中心5km，附近有一家杂货店。步行可至一处带有餐厅、健身房和游泳池的活动中心。大多数居住者年逾80，但他们对帮助的需求确有很大的差异。住房具有终生护理标准（可供使用轮椅者之用）和电梯。入口附近是一个大的共用起居室，有门开向一处共用的庭院和花园。在此居住的老者对这里的社交生活有颇高的兴致，经常碰面。对居住者而言，最有价值的莫过于能够外出散步，有共用区域，杂货店、药店和公交车站便捷可至。

* 翻译：高军

* 供稿：挪威科技大学(NTNU)建筑与艺术学院

1. 总平面图
2. 居住在这里的老人

3. 住宅外观
4. 标准层平面图

孟泽斯老人住宅，马尔文，澳大利亚
Menzies, Malvern, Australia

孟泽斯是马尔文市中心区的一个五星级养老设施，位于城市商业中心区内，紧邻当地的市民中心。它是养老居住设施正在走向生活化的一个绝佳样板。

内城区的区位赋予了孟泽斯提供一个多样化解决方案的机会。建筑临近格兰费瑞大街的一侧是4层，而在场地中央部分的是6层。建筑的外部形象是一个豪华宾馆，与周围街区的建筑风格相呼应，也为其居住者所认同。

建筑拥有124个高端居住单位以及附属的公共设施，其中包括孟泽斯俱乐部、健身房、游泳池和一个医疗中心。所有居住单位的设计都以提高其55岁以上的居住者的生活质量为目标，其精细设计使居住者可以实现就地养老。

* 翻译：王韬
* 供稿：澳大利亚Thomson Adsett设计集团

1. 住宅北立面
2. 入口门廊

3.孟泽斯俱乐部
4.俱乐部的室内设计
5.餐厅
6.会客厅

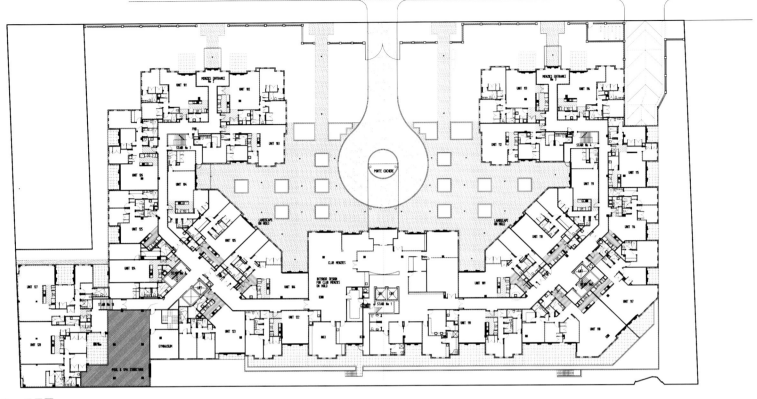

7. 一层平面

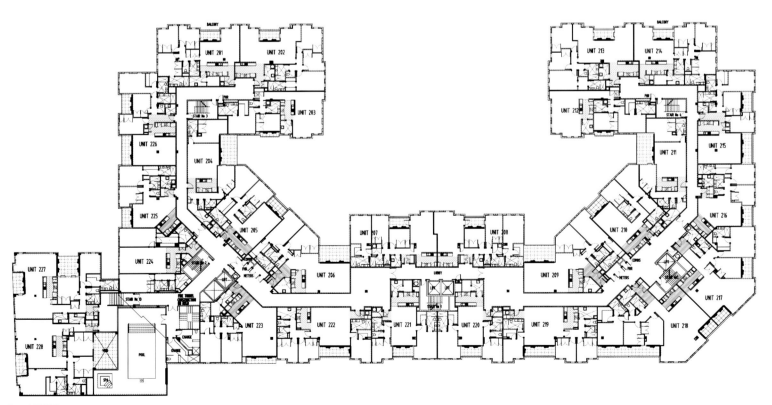

8. 二层平面

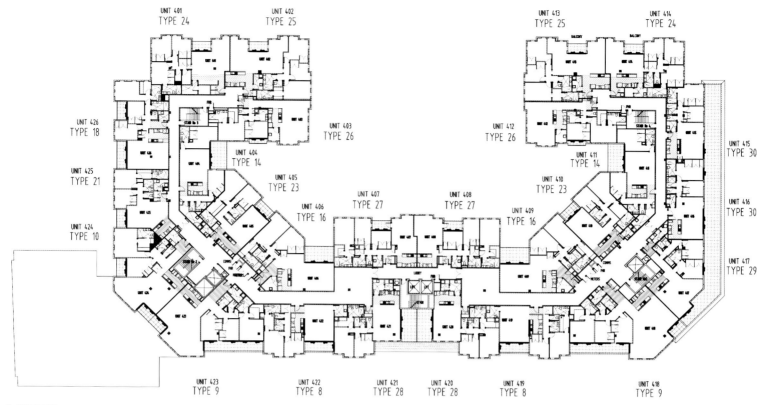

9. 四层平面

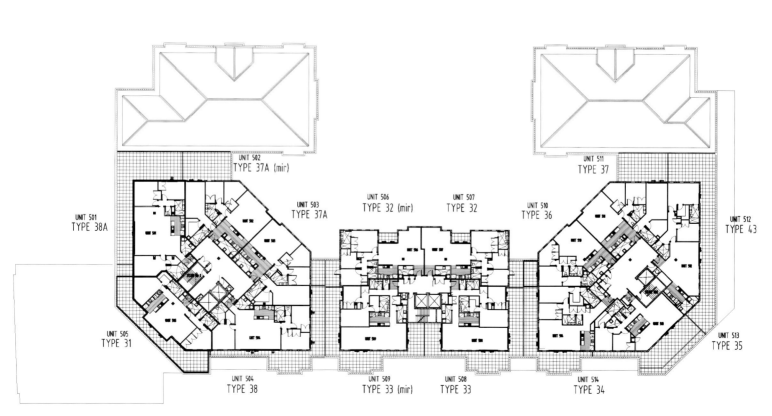

10. 五层平面

11. 走廊
12. 游泳池
13. 厨房
14. 备餐台与餐厅
15. 备餐台
16. 卫生间
17. 餐厅
18. 客厅
19. 卧室

新拉彻伍德老人住宅，布莱顿，英国
New Larchwood, Brighton, UK

设计者： 阿克迪亚Archadia特许建筑师事务所

新拉彻伍德老人住宅是一个由阿克迪亚特许建筑师事务所设计的位于布莱顿市寇町区(Coldean)的新住房项目，属于英国卫生部为解决老年人住房而拨款建造的第三个项目，于2007年8月投入使用。寇町区绝大部分由前地方政府的住房构成，地处城市远郊，地理位置偏远，本地设施不够完善。新拉彻伍德老人住宅给当地的社区带来了颇大的收益，为居住者及当地的居民提供了众多的设施，而且已成为了所在区域的一个中心。该项目的资金由汉诺威住房协会(Hanover Housing Association)和布莱顿与胡佛市政府(Brighton and Hove City Council)以及布莱顿与胡佛基础护理托拉斯合作提供。

新拉彻伍德老人住宅项目提供了38套独立式公寓与公用空间，这些公用空间为社交提供了便利，也对老人的个别需求提供护理成为了可能。单卧室公寓可住一人或一对夫妻，双卧室公寓适合那些可能需要为家人或看护者提供住处的租住者。各套公寓可用轮椅行达，其设计与设备的安装旨在满足老年人及残疾人的需求，并具备完全的适应性，如可(无障碍地)直行入内的洗浴间及配有高度可调灶台的设施齐备的厨房。所有居住者均可通过使用远程看护系统随时获得服务，因此可以安心颐养。

为生活在新拉彻伍德老人住宅的老人们还提供有一间祈祷室、一间电影放映室和一间图书阅览室。将新拉彻伍德老人住宅一般公众在大街上即可直接利用的社区设施融入进来，这是一个不同寻常的创新。阿克迪亚的设计很好地利用了场地陡峭的坡度，以提供具有单独入口的社区设施，包括一间外科手术室、一个咖啡吧、一间理发室、厨房以及餐厅，供新拉彻伍德老人住宅的租住者和生活于周边区域的其他老年人使用。

在建筑内部，上方的天窗将自然光引入中心走廊。公寓的窗户既有很低的窗沿以便向外眺望，也有较高的高度以便光线能够深入公寓。为得到最大限度的使用并受人欢迎，公用座椅区设计得离正门入口很近，并对周围的活动形成俯览之势。

阿克迪亚在新拉彻伍德老人住宅项目上的工作得到了"泛欧洲老年人福利住房政策计划"的褒奖，被授予了"优秀设计奖"，这使事务所非常欣喜。该计划考察了一系列欧盟成员国的40多个老年人住房项目，并褒奖了设计最优秀的12个(项目)，其中有3个在英国。

事务所经理帕特里克·曼威尔(Patrick Manwell)说："多年以来，我个人对欧洲其他地区的老年人住房设计一直感兴趣，并进行了研究。现在不仅知道了阿克迪亚的努力正得到如此之高的赞誉，而且晓得了我们在英国所做的工作与其他欧洲国家相比要胜出一筹，这令人深感快慰。"

* 翻译：高军
* 供稿：英国Archadia Chartered Architects建筑师事务所

1.住宅东侧立面

2. 住宅西侧立面
3. 咖啡厅
4. 图书室
5. 电影厅
6. 餐厅

7. 一层上部平面图

8. 一层下部平面图

9. 二层平面

10. 三层平面

分形视野下的住宅设计
——埃森曼的空间分形与赖特的立面分形
Housing Design Under the Influence of Fractal Geometry Eisenman's Spatial Fractal and Wright's Facade Fractal

陈悦洁 Chen Yuejie

[摘要] 建筑的分形特征一方面可以从建筑空间形态上的自相似来讨论，另一方面可以通过计算建筑形态甚至是城市形态的分形维数来研究。在这两个研究方向上，彼得·埃森曼的House 11a与弗兰克·劳埃德·赖特众多的"草原式住宅"成为了代表性的案例。

[关键词] 分形几何、住宅、缩放、尺度层级、分形维数

Abstract: *The fractal feature of architecture can be discussed on one hand through its spatial self-similarity, or by calculating the fractal dimensions of the building form or even the urban form on the other. In these two directions, Peter Eisenman's House 11a and Frank Lloyd Wright's Prairie Houses are exemplary cases respectively.*

Keywords: *fractal geometry, housing, zooming, scale hierarchy, fractal dimension*

一、分形几何与建筑学

我所试图表述的，与其说是历史，还不如说是个谱系，因之它必然是一种带着显著碎片性质的陈述，这多半是由于所谓观念的波动所致，也就是说，某些思想在某一时刻浮现至表面，得到发展，随后被放弃，在以后又以不同的形式重新出现[1]。

—— *K.弗兰姆普敦*

在近几十年的建筑理论史上，各种思潮流派纷繁涌现，建筑理论在不断发展前人理论的基础上，也向平行的学科借鉴和融合。1975年，法国数学家伯努瓦·曼德尔布罗特(Benoît Mandelbrot)出版了法文著作《分形对象：形、机遇和维数》，创立了分形几何学。1977年，该书的英文版面世，分形几何学开始在各个领域展现其魅力，而关于它的讨论也达到了热火朝天的程度，众多建筑师[2]也迅速地开始了这方面的建筑尝试。其中最有影响力的是美国建筑师彼得·埃森曼(Peter Eisenman)在1978年完成的两个项目——住宅11a(House 11a)和卡纳里吉广场(Cannaregio Town Square)，它们可谓是当时最新潮的建筑试验作品。

随着一些批评和嘲笑的声音的出现，升腾的景象在1988年被冷却，分形几何学被认为仅仅是在建筑领域寄生的一种潮流，多数人质疑其基础，觉得它是突然产生的异形("outbreak")。1993年，伊朗籍建筑师Gisue Hariri和Mojgan Hariri坚决否定了混沌理论在建筑领域的应用，措辞激烈，"我们不相信混沌理论，我们不会跟随这种潮流，我们鄙视这些迎合低级趣味的拙劣作品"[3]。在他们看来，分形几何学作为混沌理论的一部分同样是建筑领域的寄生虫。批评声继续着，也有建筑师为曾经对分形的讨

1. Sarphatistraat Office
图片来源：EL杂志
2. Sarphatistraat Office室内
图片来源：EL杂志

论而发表歉意的论调。

然而，这个戏剧性的过程在1996年有些改变，在经历了之前热情高涨的全盘接受和情绪激动的全盘否定后，建筑师们开始批判地接受复杂性科学。马里兰大学建筑学院副教授卡尔·博维尔（Carl Bovill）在这一年出版了《建筑设计中的分形几何》（Geometry in Architecture and design），认为分形几何学是一个强有力的工具，但得被明智地使用。在书中，作者使用计盒维数法（box-counting method）来计算建筑立面的分形维，这是数学方法首次应用于分析建筑的分形特征。文中还论证了美国建筑师弗兰克·劳埃德·赖特（Frank Lloyd Wright）的作品大多具有分形特征，而现代主义大师勒·柯布西耶（Le Corbusier）的作品则只有比较低的分形维数。这本著作的出版意味着建筑学与复杂性科学之间的关系进入了一个新阶段，代表了当时仍进行着与分形几何学相关的理论研究和方案设计的建筑师的新动向。这一年，美国建筑师斯蒂文·霍尔（Steven Holl）基于分形模型"门格尔海绵"设计了荷兰Sarphatistraat Office（图1~2），这也是他海绵系列尝试的开始，而1999年的MIT宿舍楼Simmons Hall是这个构思的延续（图3~4）。得克萨斯大学数学系教授尼克斯·赛灵格勒斯（Nikos A.Salingaros）在1999年发表的论文《建筑、图案及数学》（Architecture, Patterns, and Mathematics）中重新回顾了建筑与数学的关系。他认为以往时代的建筑的造型包含着大量的数学规则和信息，而20世纪的建筑却开始追求新奇，丧失了数学的品质，与过去有了断层。现代建筑与以往任何时代建筑的最重要的区别是，它不能体现各个尺度上的分形细节，即缺少重要的分形特征。赛灵格勒斯对描述自然复杂形态的分形几何学持肯定态度，认为建筑需要使用这个设计手段使作品达到一定的复杂性来与自然相协调。进入21世纪，建筑师的分形尝试更加活跃。墨尔本皇家理工大学的Storey Hall第一次尝试了"fractal tiling"（图5~6），它或许可以被认为是一种分形意向的表皮。之后分形作为表皮的概念在设计中的应用逐渐丰富起来，成为了一种造型手段，例如Lab Architecture Studio的Federation Square（图7）与Serero的Saint Cyprien（图8）。在其他设计领域，以分形为概念的设计作品也逐渐成为了新锐作品的代表。

二、分形几何理论

从1975年分形几何学创立，至今还没有能被普遍接受的数学定义，但是有一个公认的用来表示分形集基本性质的"集合F"，

（1）F具有精细的结构，即有任意小比例的细节；

（2）F是如此的不规则以致它的整体和局部都不能用传统的几何语言来描述；

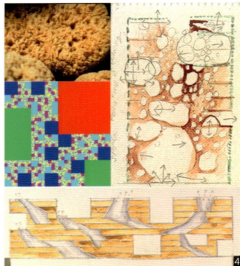

3. MIT Simmons Hall
图片来源：http://classes.yale.edu/fractals/panorama/Architecture/Simmons/Simmons.html
4. MIT Simmons Hall概念
图片来源：EL杂志

5. RMIT Storey Hall
图片来源：http://www.a-r-m.com.au/project.php?projectID=1&categoryID=1
6. RMIT Storey Hall室内
图片来源：http://www.maa.org/editorial/mathgames/mathgames_09_05_06.html

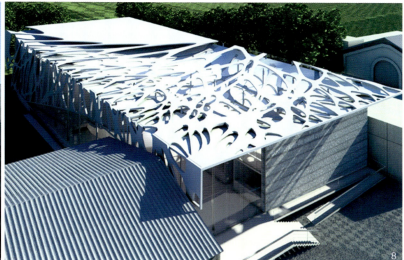

7.Federation Square
图片来源：http://www.maa.org/editorial/mathgames/mathgames_09_05_06.html
8.Saint Cyprien VTHR
图片来源：http://www.dezeen.com/2008/03/25/saint-cyprien-vthr-by-serero/#more-10775

（3）F通常有某种自相似的形式，它可能是自仿射或是统计意义上的相似；

（4）F的分维值（以某种方式定义的）大于它的拓扑维数；

（5）在大多数情况下，F以非常简单的方法定义，可能由迭代生成[4]。

这是英国数学家肯尼斯·法尔科内（Kenneth Falconer）提出的分形集的基本性质。他认为，对分形的定义，可以用生物学中对"生命"定义的办法。"生命"是很难定义的，但却可以给出一系列生命对象的特征，例如繁殖能力、运动能力等。除了有些对象出现例外，大部分情形都能因此而得到分类，于是就不会因为暂时没有严格的定义而停步不前。对分形似乎也宜于给出一系列特征性质，当集合具备这些性质时就可以认为是分形；而当因此排除掉一些自己的同类时，再作特殊的研究。

引出分形的案例是B·曼德尔布罗特1967年发表的关于布列塔尼海岸线的测量的研究（图9）。一条海岸线可以发现有以下几个特征：第一，海岸线是陆地与海洋的交界线，经过长期海浪冲刷和地质构造运动的双重作用，其形状极其不规则、不光滑，布满了大大小小的海湾、海岬、礁石。第二，当我们测量其长度时，首先要确定测量的单位。采用的测量单位越大就会有越多的曲折、凸凹将被忽略，而当缩小测量单位时，被忽略的细节长度又会被计算进来，所得到的值会比以较大单位的测量值大。假如将测量单位不断缩小，那么得到的结果也就越来越大。这里可以看出海岸线的形状随着考察尺度的缩放，会出现不同层级的细节。采用的尺度越小，观测的视距越近，出现的细节就越多，反之亦然。因而，曼德尔布罗特得出结论："英国海岸线的长度是不确定的！其原因在于海岸线的长度依赖于测量时所采用的尺度。"第三，仔细研究我们还可以发现，将在同一条海岸线上空不同高度拍摄的航拍照片加以对比，图像之间是非常相似的。低空拍摄的照片相当于高空所拍照片的局部放大，也就是说在高空所观察到的大范围海岸线的复杂性，在低空小范围内仍然能够被发现。这表明海岸线整体与局部之间存在相似性——这在分形几何中被称为自相似性（self-similarity）。这个测量过程是基于传统的几何方法进行的，把海岸线看成是由许多小的直线段组成，或者说把海岸线还原成直线去度量，那么就会发现，在不同比例的地图上，所能测到的海岸线长度各

9.海岸线的测量
图片来源：赵远鹏.分形几何在建筑中的应用.2003

不相同，随着地图比例的不断放大，量度单位的不断缩小，其长度将会变得无限大。这正是欧式几何的盲点，它善于抽象和完形，但无法描述这类"粗糙的、破碎的"复杂曲线。

分形起源于对不规则集合的研究，例如弯曲的海岸线、凹凸不平的路面等自然物的表面形状，以及数学中处处连续而处处不可微的函数等"逻辑怪物"或"病态"函数。从集合的观点来看，它们都是属于不规则的点集。也就是说，分形来源于几何学研究，但它与欧几何最大的不同在于分数维的应用。通俗地讲，维数是确定整个图形中一点的位置所需要的坐标(或参数)的个数[5]。例如在欧式几何中，点是零维，直线是一维，平面是二维，而我们居住的空间是三维(如果把时间和空间同等处理——如相对论，则我们居住的空间是四维。)当想确定直线上的某一点时，我们只需要一个变量；而要确定平面上的某一点时，则需要两个变量；在N维空间里，它的维数必然是非负整数N便成为了非常自然的想法。然而这个想法在1890年皮亚诺曲线[由意大利数学家皮亚诺(Giuseppe, Peano 1858～1932)构造的可以覆盖平面的曲线]诞生的时候受到了质疑。在之后几十年关于维数的讨论中，德国数学家豪斯道夫(Hausdorff)于1919年提出了新的维数测量方法，肯定了分数维存在的可能性。在此基础上，曼德尔布罗特将分数维引入了分形几何中。其解释了为什么海岸线不可以用一维的直线段来测量，因为它的维数大于一。

三、埃森曼的空间分形——House 11a

在B·曼德尔布罗特的著作《分形对象：形、机遇和维数》的英文版出版不到一年的时间里，美国建筑师埃森曼就推出了他的House 11a的方案。几周之后，1978年7月，House 11a就作为埃森曼住宅设计的一个主题在威尼斯卡纳里吉(Cannaregio)建筑研讨会上公布了。虽然这个设计到1980年4月才发表，但它仍旧算是建筑师对分形理论的一个积极的回应。埃森曼引用了分形理论中的缩放概念，并将它归纳成三个不稳定的因素：不连续性(discontinuity)、递归性(recursivity)和自相似性(self-similarity)[6]。House 11a是基于埃森曼在那个时期的设计符号"L形"展开形式操作的。"L形"实际上是完整的正方形等分成四份后除去一个角后剩下的形状，在三维上的表达就是正方体除去角上一个的小正方体而余下的体积。埃森曼把这种"L形"看作是"不稳定的"或者"中间的"状态，每个"L形"都是天生的不稳定的几何形式，在完整和残缺中摇摆。"L形"通过复杂的缩放、旋转及对称操作形成了House 11a的空间。让不同尺度的"L形"相互碰撞在一起形成可以适应各种规模的功能要求，正是埃森曼在卡纳里吉设计竞赛上要表达的意思。

首先我们来看一下House 11a单体的形式操作(图10～11)：

"进一步考察House 11a的生成过程则可以发现，实际上，这里一共包含了3对共6个大小不同的'L形'，因此可以说，House 11a是由'L形'直接构成的，并且'L形'的生成过程也反映在了建筑方案中。

10. "L形"生成过程
图片来源：孔锐．彼德·埃森曼建筑中的"L形"研究，2006
11. House 11a模型
图片来源：Peter Eisenman. Diagram diaries, New York：Universe, 1999
12. "L形"的嵌套
图片来源：Peter Eisenman. Diagram diaries, New York：Universe, 1999
13. "L形"的材质镜像
图片来源：孔锐．彼德·埃森曼建筑中的"L形"研究，2006

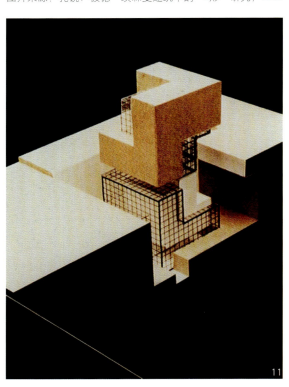

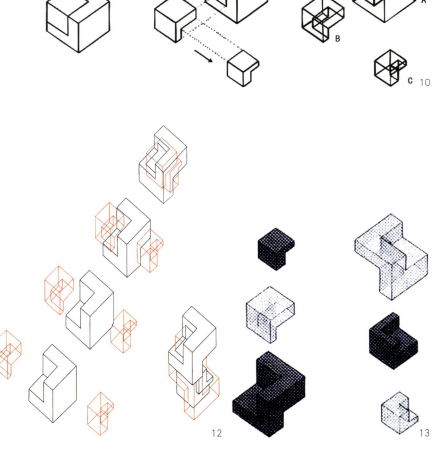

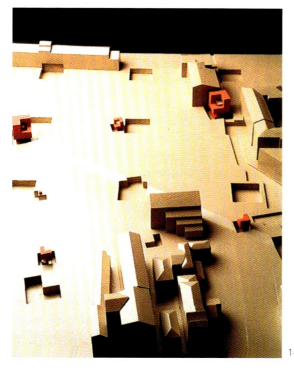
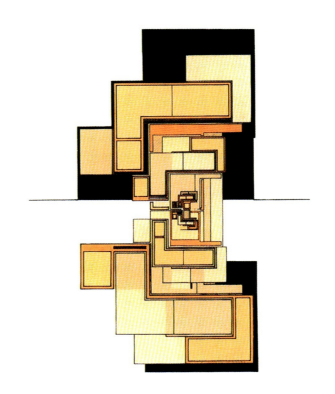

14.卡纳里吉广场模型
图片来源：Peter Eisenman．Diagram diaries．New York：Universe，1999
15.House 11a的嵌套
图片来源：Peter Eisenman．Diagram diaries．New York：Universe，1999

具体过程如下：首先，连续运用两次从一个大立方体中减去一个小立方体的手段，得到A、B、C3个大小不同的"L形"。而对于埃森曼而言，这种操作也便是一种"对尺度的探索"。[7]

接下来，这6个"L形"分两组用不同的方式组合在一起。地面部分两个小尺度的"L形"沿中间大尺度的"L形"的空间对角线移动，直到最后3个体块嵌套在一起（图12）；地下部分由地上部分沿地平面镜像得到（图13），"这个镜像操作不仅是对'L形'的形式而言，也包括对'L形'的材质的镜像"。[8]

之后在卡纳里吉广场（Cannaregio Town Square）的设计中，整个House 11a又被作为一个缩放的原型，以3种不同的尺度呈现在项目的基地网格中：第一种尺度的House 11a有4in高，这种尺度在卡纳里吉的城市环境中像是一个住宅模型；第二种尺度是House 11a本身的尺度；第三种尺度大到可以容下一个House 11a本身，它是个陈列House 11a的"博物馆"。通过对House 11a的"尺度缩放"，产生了三个不同的个体，正是由于自身尺度的不同而使得它们各自具有了不同的意义。这种差异的获得，不是通过改变个体之间的关系，而是通过改变个体自身的尺度，由此，也使个体具有了"自我反射性"（图14~15）。

"如果它（4in高的House 11a）被放进一个真正足尺的House 11a中的话，这种将一个较小的物体或者模型放进一个较大的物体中的行为将使较大物体的原有功能产生改变。这即是说，后者不再是一个住宅了，而成为了一座陵墓，一旦较大的物体开始纪念它里面的小物体时，这个小物体也就不再是一个模型了；它由原本作为它物模型的4in高的物体，变成了一个真实的事物，一个客体存在的实体。当比前两种尺度都大的第三种物体被放置到同一个基地文脉中时，它超越了'真实'……这时，一个自我反射（self-reflective）的轮回得以完成。"[9]

可以看出在House 11a和Cannaregio Town Square项目中，埃森曼开始引入外部文本到设计中，并在一系列的建筑作品中运用比例缩放（scaling）——或对形体的缩放，或对城市格网或虚拟格网的缩放并叠加，重建自己的格网体系。埃森曼从分形几何学里归纳出的几个不稳定因素都在这个项目中有明确的表达：不连续性，组成整体各个的"L形"相互之间有尺度层级的跳跃；递归性，"L形"是空间操作的原型；自相似性，"L形"的自我复制。因此，House 11a是很典型的有空间分形特性的建筑。

四、赖特的立面分形——有机建筑

B·曼德尔布罗特曾经做过这样一个描述：一个绳球，从很远处看，不过是一个点，维数是零；近些看，绳球充填着球形空间，具有三维；再近些就看到了绳子，对象事实上又成为了一维的，虽然这一维利用了三维空间而自我缠绕起来；再往微观走一点，绳子成了三维绳柱，而这些柱又分解成一维的纤维，固体的材料最后化为零维的点。这强调的是尺度对于判断一个复杂性物体的重大影响。B·曼德尔布罗特在他的著作中将这种分形的观点引入了艺术和建筑领域[10]。他以建筑风格为例，讨论了欧式几何与分形几何的区别。"在建筑语境中，密斯·凡·德·罗的房子尺度层级跳跃，是代表欧式几何的回归；而年代久远的鲍扎体系建筑则富有分形的特征。"[11]

这个观点得到了许多建筑师以及数学家的认可。他们认为哥特的玫瑰窗、中世纪的城堡以及巴洛克教堂等等早期建筑作品外观有丰富的尺度层级，在不同的观察距离能呈现不同的细节，是与自然界的

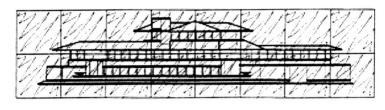
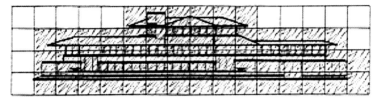
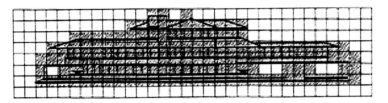
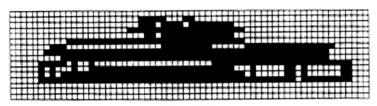

16.用计盒维数法计算罗比住宅立面的分维数值
图片来源：赵远鹏．分形几何在建筑中的应用，2003

丰富性和复杂性相匹配的。1995年赛灵格勒斯（Nikos A.Salingaros）在《建筑中的层级协调和装饰的数学必要性》（Hierarchical Cooperation in Architecture, and the Mathematical Necessity for Ornament）中论述了关于建筑尺度层级的三个定律："（1）小尺度上的秩序是由成对出现的矛盾元素形成的，存在一种视觉上的张力平衡；（2）大尺度秩序出现在一定的范围和距离内每一元素都与其他元素相关联时，系统通过这种秩序减小熵值；（3）小尺度同大尺度的联系是通过一种关联的层级结构，这种层级结构具有一个近似的比例系e=2·718。例如，对于4m的房间而言，理想的尺度层级的分布应该是{400，150，50，20，7，3，1，0.3cm}。"[12]。1996年卡尔·博维尔提出了用计盒维数法（box-counting method）来计算建筑立面的分形维数[i]，他的著作《建筑设计中的分形几何》中详细地分析了多例赖特的住宅作品并得出了分形维数，论证了其作品的分形特性（图16）。

赖特将他的设计方法归诸为"有机"（organic）。然而，这一概念从未被十分清楚地定义过，即使是他本人对有机理论的阐述也如此。但是有一点是明确的，赖特始终坚持以自然为其设计灵感之源泉。

"你必须阅读自然这本书。我们必须明白'有机'建筑并非存在于书本之中。我们有必要向自然学习，向树木、花朵、贝壳——每一种隐含着形式追从功能真谛的事物中学习。如果我们仅仅停留在表面那将只是对自然的一种肤浅模仿。但是假使我们深入挖掘这些形式背后隐含的规律，我们将会了解这些形式背后的秘密。"[13]

赖特只是指出设计师应当从自然形中寻找灵感。然而，他并没有明确说明来自自然的灵感该如何转化为建筑形式。在赖特将其观点写成文字并在设计中付诸实施之时，分形几何的概念尚未建立，分形与自然形之间的关系尚未被揭示，进行形态抽象的方法论此时并没有建立。然而，他的实践结果明白地体现了分形的一些概念。赖特认为，对一个确定的、简单的形所进行的变换，规定着建筑的一种表现特征……在每个设计中，母题形式的种类不宜过多，并且这些母题应该贯彻始终，以确保建筑不是美学片段的堆砌而是完整一体。赖特的建筑在每个观察距离[ii]上都能展现出丰富的细节。卡尔·博维尔对赖特的住宅的分维分析显示了他的建筑中存在从体量关系一直到窗棂形式各个层次的细部尺度层级。这与分形几何描述的一个关于自然的重要特质相符：自然不是平滑的，是呈现无限细分状态的。

赖特从自然中获得灵感，但是他的建筑并不像一棵树或是树丛。他的认识已经超越了自然形式的表面，深入到它们组织的内在结构，这实际上蕴含着一种分形理念。自然形确有其内在的组织结构，分形几何学的出现为清晰地理解和描述这种结构提供了一种真正可行的方法。由此可见，有机理论和分形理论具有一致性。

五、结语

分形理论研究的不断发展，以及它和众多学科的交叉和融合，使其"自相似性"和"无限性"（具有任意小比例的细节）这两个基本性质的内涵得到了充实和拓展。我们不仅把形态结构上具有自相似的对象称为分形，而且可以将信息、功能、时间上具有自相似性的对象也作为分形来研究，这些对象被称为"广义分形"。因此对于建筑而言，建筑的分形特征一方面可以从建筑空间形态上的自相似来讨论，另一方面可以通过计算建筑形态甚至是城市形态的分形维数来研究。在这两个研究方向上，彼得·埃森曼的House 11a与弗兰克·劳埃德·赖特众多的"草原式住宅"成为了代表性的案例。埃森曼在分形理论出现之后积极反应，并带动了之后30年建筑学领域中的分形思考；赖特的建筑作品则是在分形理论被热烈关注的时候作为对自然有良好理解的案例被提出，他带出了被现代主义取代的古典样式建筑，使它们重新被关注和研究，但这个方向主要讨论建筑外观与环境的关系。

在住宅单体设计、小区规划、城市设计等各个规模层面的设计中，分形理论都具有指导意义。分形的方法论是对复杂事物的抽象，它所揭示的复杂系统内部的"非线性作用"、"局部包含着整体"、"复杂背后的简单"等理论的新发现，对于建筑设计方法的进一步发展起到了深刻的启示作用。它让我们认识到，建筑是一个开放的复杂体系，仅仅依靠将设计问题还原成简单的局部问题，然后再将结果累加的设计方法是不可行的。建筑局部与整体，建筑与城市、自然之间具有某种意义上的内在统一性，这种自相似的观点有助于发现建筑与城市设计之间的某些共通性，使在局部环境与整体环境之间建立内在的联系成为了可能。

注释

1. K.弗兰姆普敦．20世纪建筑学的演变：一个概要陈述．张钦楠译．北京：中国建筑工业出版社，2007

2. "Peter Eisenman, Asymptote, Charles Correa, Coop Himmelblau, Carlos Ferrater, Arata Isozaki, Charles Jencks, Christoph Langhof,

Daniel B. H.Liebermann, Fumihiko Maki, Morphosis, Eric Owen Moss, Jean Nouvell, Philippe Samyn, Kazuo Shinohara, Aldo and Hannie van Eyck, Ben van Berkel and Caroline Bos, Peter Kulka and Ulrich K nigs and Eisaku Ushida and Kathryn Findlay" (Michael J.Ostwald. Fractal Architecture– Late Twentieth Century Connections Between Architecture and Fractal Geometry. vol.3, No.1. Nexus Network Journal, 2001)

3. "We do not believe in Chaos, we do not follow Trends, and we despise Kitsch" (1993: 81)

4. 肯尼斯·法尔科内. 分形几何——数学基础及其应用 Fractal Geometry Mathematical Foundations and Application. 曾文曲译. 东北工学院出版社, 1991. 8.24

5. 林夏水等. 分形的哲学漫步. 首都师范大学出版社, 1999

6. "three destabilizing concepts: discontinuity, which confronts the metaphysics of presence; recursivity, which confronts origin; and self-similarity, which confronts representation and the aesthetic object" (Eisenman, 1988: 70)

7. 孔锐. 彼德·埃森曼建筑中的"L形"研究, 2006. 22

8. 孔锐. 彼德·埃森曼建筑中的"L形"研究, 2006. 23

9. 孔锐. 彼德·埃森曼建筑中的"L形"研究, 2006. 27

"If the same object is taken and put in a second House 11a, built, this time, at normal human house scale, the act of putting the model or smaller object inside the larger object changes the function of the larger object. It is no longer a house, but a kind of mausoleum. Once the large object memorializes the smaller one, it is no longer the model of an object; it has been transformed from a four-foot high object which was a model of something else, into a real thing—an object in itself. When a third object is placed in the same context which is larger than the other two, that is, larger than 'reality'……it completes a self-reflexive cycle". (Peter Eisenman. Representations of Doubt[A]. In: Peter Eisenman, Eisenman Inside Out: Selected Writings, 1963~1988[M]. New Haven. London: Yale University Press, 2004. 148)

10. Michael J.Ostwald. Fractal Architecture– Late Twentieth Century Connections Between Architecture and Fractal Geometry. vol.3, No.1. Nexus Network Journal, 2001

11. "in the context of architecture [a] Mies van der Rohe building is a scale-bound throwback to Euclid, while a high period Beaux Arts building is rich in fractal aspects" (Mandelbrot, 1982. 23~24)

12. 李世芬,赵远鹏. 空间维度的扩展——分形几何在建筑领域的应用[J]. 新建筑, 2003 (2). 56

13. 赵远鹏. 分形几何在建筑中的应用, 2003. 43

i.分形特征归根到底是由分形维数(fractal dimension)来体现的。分形维数，也称分维，是描述图形的不规则和复杂程度的重要特征量，可以利用计算设计图形的分维值来考察其分形特征。一个对象的分维值越高则说明它越复杂，或者说越"分形"，它所包含的视觉信息层级也丰富。因此不同观察尺度下建筑的分维值比较，能够直接反映建筑的尺度层级的丰富性和连续性。计盒维数法是迄今为止在各个学科中求分维时应用最为广泛的一种方法。用数学的语言描述就是，对于给定的对象，用很小的单元块ε充填它，最后数一数所使用的小单元数目N。改变ε的大小，自然会得到不同的 N 值：ε越小，得到的 N 显然越大，ε越大，得到的 N 就越小。将测到的结果在"双对数"坐标纸上标出来，往往会得到一条直线，此直线斜率的绝对值就是对象的维数 D。数学关系表达式为：

$$D_{box} = \frac{\lg N_2(\varepsilon_2) - \lg N_1(\varepsilon_1)}{\lg(\frac{1}{\varepsilon_2}) - \lg(\frac{1}{\varepsilon_1})}$$ （公式 1-2, L.S.Pontryagin,1932）

ii.当人距离建筑大约28m左右的距离时，即相当于站在街对面观察建筑，适合人观察的细部尺度是介于10~0.9m之间(人注意的是建筑整体上的形体关系)；当人继续走近，距离建筑大约7m时，该尺度范围缩小到2.5m~0.2m之间(人注意力集中于较大的建筑单元和门窗的形式和大小)；当人站在计盒维数法栅格尺寸确定的建筑窗前，即距离建筑1.75m左右时，适合的尺度进一步缩小到0.46m~0.055m的范围内(即人的注意力被窗棂划分、细小的构件和砖石肌理所吸引)。

参考文献

[1]K.弗兰姆普敦. 20世纪建筑学的演变：一个概要陈述. 张钦楠译. 北京：中国建筑工业出版社, 2007

[2]伯努瓦·曼德尔布罗特著. 大自然的分形几何. 陈守吉、凌复华译. 上海远东出版社, 1998

[3]伯努瓦·曼德尔布罗特著. 分形对象：形、机遇和维数. 文志英、苏红译. 世界图书出版公司, 1999

[4]肯尼斯·法尔科内著. 分形几何——数学基础及其应用. 曾文曲译. 东北工学院出版社, 1991.8

[5]林夏水等. 分形的哲学漫步. 首都师范大学出版社, 1999

[6]赵远鹏. 分形几何在建筑中的应用：[硕士论文], 2003

[7]李世芬,赵远鹏. 空间维度的扩展——分形几何在建筑领域的应用. 新建筑, 2003(2)

[8]孔锐. 彼得·埃森曼建筑中的"L形"研究：[硕士论文], 2008

[9]Michael J.Ostwald. Fractal Architecture– Late Twentieth Century Connections Between Architecture and Fractal Geometry. vol.3, No.1. Nexus Network Journal, 2001

[10]Nikos A. Salingaros. Architecture, Patterns, and Mathematics. vol.1. Nexus Network Journal, 1999

[11]Yannick Joye. Fractal Architecture Could Be Good for you. vol.9, No.2. Nexus Network Journal, 2007

[12]Peter Eisenman. Diagram diaries. New York: Universe, 1999

作者单位：南京大学建筑学院

地理建筑

The Architecture of the Geography

本期地理关键词：黄土地貌

  黄土沉积、深海沉积与极地冰川，是反映地球上自然、气候、生物历史变迁最典型的三类案例。而其中的黄土地貌主要分布在中国境内。中国黄土地貌的分布面积之广、厚度之深、地层之完整，都是举世无双的。

  我国的黄土地貌集中分布于黄土高原地区，东至太行山，西至祁连山南段，南至秦岭一线，北至乌鞘岭、毛乌素沙漠，跨中西部七省(图1)。它是在半干旱地区形成的一种黄色、质地均一的第四纪土状堆积物，富含碳酸钙，具有多孔隙、垂直节理发育、透水性强、易沉陷等物理化学性质[1]。从全球范围来看，黄土主要分布在中纬度干旱或半干旱的大陆性气候地区，该区域降水较少，四季分明，冬寒夏热，昼夜温差大，自然植被相对稀疏。

  黄土高原地区是孕育中华文明的摇篮，在这里曾发现蓝田人、大荔人、丁村人、河套人以及半坡人等多个时期的人类活动遗迹。而黄土地上出现的洛阳、西安等古老城市更是记载着中华文明的绚烂历史。因黄土层具有厚而相对松软、易于挖掘且不易垮塌的特性，穴居是这一区域重要的居住建筑形式。在甘肃、宁夏、内蒙、山西、陕西、河南等地找到了大量的黄土掘穴而居的考古遗存。目前发现的最早的窑洞建筑属仰韶文化晚期阶段遗存[2]，从那时起窑洞建筑便因其对黄土高原自然环境出色的适应被一直延续使用到了今天(图2)。这与黄土的性能是直接相关的，如较好的抗压抗剪性能，在挖掘洞穴之后能保持土体自身的稳定，壁立不倒；同时，优良的蓄热性能能够使得黄土洞穴常年保持在人体舒适的温度范围之内，实现冬暖夏凉。

  黄土是经历百万年堆积而成的，由于各个时代堆积物性质的不同，形成了黄土的分层(图3)。在第四纪黄土地层中，最上面是全新世的次生黄土，其下依次为晚更新世的马兰黄土、中更新世的离石黄土，最下面为早更新世的午城黄土。但并非每个层的黄土都适宜建造窑洞。位于中、下部的午城黄土的土质过于紧密坚硬，用锹头开挖极为困难，因此其中很少分布窑洞[3]；而离石黄土土层中多有钙质结核，湿陷性也较小，是理想的崖窑开挖土层，多形成了靠崖窑；马兰黄土湿陷性小，且在上层，其中多开挖下沉式窑洞，即地坑院的形式[4]。

  黄土堆积过程中继承古地貌形态，并受河流侵蚀作用，发育成各种黄土地貌类型(图4)，如黄土塬(图5)、黄土墚(图6)、黄土峁(图7)和分布其间的黄土沟谷(图8)等。其中，黄土堆积在低洼处可继承古地形发育沟谷，使黄土堆积地面形成条形的黄土高地"墚"和块状的黄土丘"峁"。在这种地形条件下，人们利用斜坡地形开挖靠崖窑[5]，即在黄土崖壁上向内挖进一定深度，只露出外立面(窑脸)的形式，下文案例中将要介绍山西的碛口窑洞。而黄土堆积成为一个高原面，则被称为黄土塬，塬顶面地势平坦，坡度很缓，因此在塬面上开挖的窑洞以下沉式的地坑院为主。这是从地面向下挖一个方形的地坑，再从地坑四壁向内挖窑洞形成，被称为"地下四合院"，下文将以河南三门峡的地坑院为例介绍。

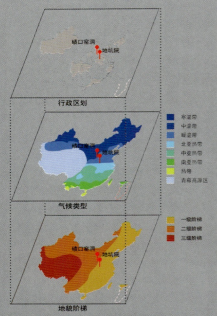

注释
1. 杨景春，李有利. 地貌学原理[M]. 北京：北京大学出版社，2001.129
2. 王向前. 碛口窑洞民居建筑形态解析：[硕士学位论文][D]. 哈尔滨：哈尔滨工业大学，2007.18
3. 侯继尧，王军. 中国窑洞[M]. 郑州：河南科学技术出版社，1999.5
4. 陆元鼎. 中国民居建筑（上卷）[M]. 广州：华南理工大学出版社，2003.311
5. 杨景春，李有利. 地貌学原理[M]. 北京：北京大学出版社，2001.132

参考文献
[1] 侯继尧，王军. 中国窑洞[M]. 郑州：河南科学技术出版社，1999
[2] 陆元鼎. 中国民居建筑（上卷）[M]. 广州：华南理工大学出版社，2003
[3] 陕西省计划委员会主编. 湿陷性黄土地区建筑规范(GB50025—2004). 建设部，2004
[4] 杨景春，李有利. 地貌学原理[M]. 北京：北京大学出版社，2001
[5] 张宗祜，张之一，王芸生. 中国黄土[M]. 北京：地质出版社，1989

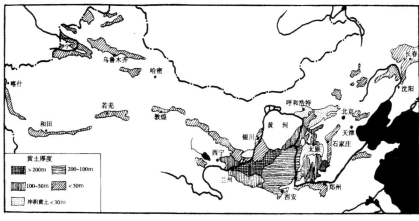

1.中国黄土分布示意图。由于只有黄土厚度相对较厚的地区才有可能开挖窑洞，而冲积黄土积土较薄则难以开挖，我国可以以窑洞作为建筑形式的地区主要分布在黄土高原。[资料来源：陆元鼎.中国民居建筑(上卷)，2003.295]

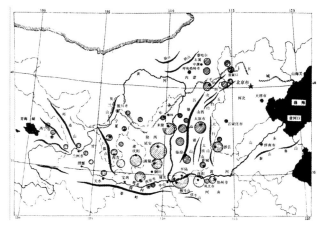

2.中国窑洞分布示意图。可以看到，窑洞的分布区域与黄土高原黄土土层分布较为统一。[资料来源：陆元鼎.中国民居建筑(上卷)，2003.296]

3. 为了说明黄土的剖面构成，特以陕西靖边杨渠郭家梁地层柱状图为例。黄土高原的黄土形成于新生代的第四纪，即我们今天所处的地质年代，约从160万年前至今。根据黄土的区域地质特征、新构造运动、地貌及地形形态、沉积相变化、古地理环境、古土壤以及土壤侵蚀区域性规律等，黄土地层按照时间分别被划分为全新世次生黄土、晚更新世马兰黄土、中更新世离石黄土和早更新世午城黄土。从黄土地层柱状图中可以看到，黄土的堆积与古土壤的发育是交替进行的，这使得黄土土层深厚。(资料来源：张宗祐，张之一，王芸生.中国黄土，1989.59)

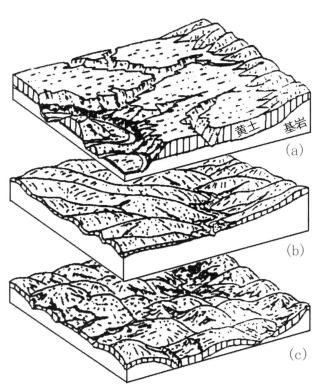

4.黄土地貌类型：(a)塬，(b)梁，(c)峁。(资料来源：杨景春，李有利.地貌学原理，2001.132)

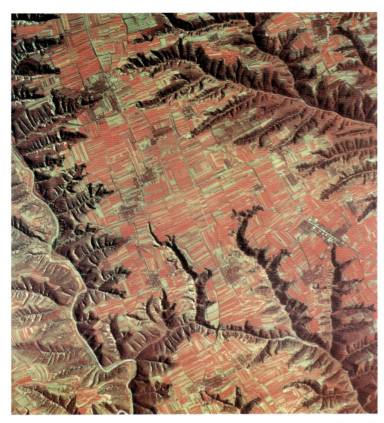

5.黄土塬,是黄土高原原面保留完整的部分,是受到侵蚀较为轻微的黄土平台。塬面的坡度很小,但侧边的沟壑深切。由于塬的黄土层深厚且较为平坦宽阔,农耕条件较好,适合于耕作。(资料来源:杨景春,李有利. 地貌学原理,2001.130~131)

6.黄土梁是长条形状,并且纵深排列。每条梁长达数百米到数千米,从人的正常视点来看,则是狭长平原。地理学家王恩涌先生提到,在冬日,白雪皑皑覆盖的黄土梁,恰是毛主席诗词中的"山舞银蛇",非常形象贴切。而这首作于1936年的《沁园春·雪》正是中国工农红军胜利结束二万五千里长征之后,创建陕甘宁抗日根据地之时,毛泽东主席于当年2月在陕北清涧逢大雪即兴而作的。(资料来源:杨景春,李有利. 地貌学原理,2001.130~131;摄影:刘文敏)

7.陕西靖边的一连串黄土峁。峁是凸起的黄土丘陵地形,分为穹隆拱形、椭圆形等多种形态。设想一下,白雪覆盖的黄土峁,与"原驰蜡象"描述的景观何其一致?就像是白色的象群在尽情奔跑。从本照片的视角,黄土峁如同浑圆的大象屁股。(摄影:莫多闻)

8.山西保德的黄土沟。沟壑两侧近似垂直的坡度与顶面的平缓形成了对比。在图片上,可以清晰地看出上部第四纪黄土层到下部第三纪红土层的过渡了。(摄影:莫多闻)

安居乐业黄土峁——碛口窑洞
Comfort Living at Loess Hill - Cave Dwelling in Jikou

汪 芳 郁秀峰 Wang Fang and Yu Xiufeng

地　　点：山西吕梁

地貌特征：吕梁位于晋西。地质学家刘东生先生在吕梁离石王家沟第一次确定了"离石黄土剖面"。而碛口镇位于吕梁临县境内湫水河入黄河口处。由于河带泥沙堆积成为一个千米长碛，称为"大同碛"，碛口以此得名。碛口地区属黄土丘陵沟壑区，黄土厚度近100m，断面中以离石黄土为主。诸河系的长期切割和洪水的侵蚀，使地表支离破碎[1]，地貌多以墚、峁状出现。因此，碛口地区的窑洞形式以利用斜坡与立壁开挖靠崖窑为主。

气候特征：吕梁地区属半干旱大陆性季风气候，四季分明：春干雨少、夏热雨多、秋凉宜人、冬寒雪少。在这样一种相对干旱的气候环境之下，采用窑洞的建筑形式一方面是因为降雨量较小，另一方面则充分利用了土层的物理热工性能，达到冬暖夏凉的效果。

植被特征：碛口地区的植被以疏林灌丛和农耕带为主，疏林主要为残存的天然次生林和人工林。由于林木稀少，木材在碛口是非常贵重的建材，需从黄河上游运输而来，而有外柱廊的窑洞形式需要大量木料，因此在碛口只有较为富裕的人家才会选择建造。

文化特征：碛口镇由于其湫水入黄的特殊区位条件，是古代商旅西去陕北的重要渡口。从明代开始就有人在这里设立店肆客栈，到清初已有相当的规模，形成了繁华的碛口街道，并成为了晋商由陆路到水路运输的重要码头[2]。碛口镇是典型的因水旱转运码头而兴起的商业文化集镇，而碛口民居可以说是直接受到晋商文化的影响，碛口镇的建筑形制、院落组合方式都如晋中大院一般体现出晋商特色[3]。

碛口镇是因为特殊的历史时期和地理区位而形成的。由于其西通秦陇、东连燕赵、北达蒙古、南接中原的独特地理位置，乾隆年间逐渐发展成为黄河中游繁华的水旱码头，号称晋商往来的"西大门"[4]。起初，由于社会安定，生产发展，黄河地区广袤沃土上丰收的农产品成为商品进入市场，繁忙的贸易催生了廉价而高效的黄河水运。后来，由于千里黄河流经碛口处，湫水河大量泥沙砾石汇入，河运受阻，于是，碛口就成了古代黄河水路货运靠岸转为陆路运输的水旱转运码头[5]。

因此，碛口镇上出现了提供零售、金融等服务业和手工业的商业建筑，而其周边的自然村亦有很多村民投身于集镇的商业活动，收入较单纯依靠农业生产要好了很多，从而使居民有条件来改善自家的居住条件。因为各家经济实力和宅院所处场地的差别，碛口民居产生了靠崖窑、接口窑、明柱厦檐、没根厦檐、一炷香等多种形式。由于在该地区，砖瓦房的热工性能远不如窑洞建筑，除在倒座、厢房部分极少量地采用砖瓦结构外，绝大多数采用窑洞形式。

碛口窑洞以靠崖窑为基本形式。由于受到湫水河与黄河的侵蚀切割，碛口地区地貌以黄土墚、黄土峁为主，地形起伏平地少，为节约耕地，尽量不占用平地修建住房，人们选择在黄土墚、黄土峁坡度较陡的侧壁修建窑洞，而在较为平坦的墚顶、峁顶进行耕种。同时，碛口的黄土构造层中以离石黄土为主。离石黄土属于中更新世黄土，颜色为深黄，黄土层深厚，且土质密实，力学性能好，湿陷性较小，是挖掘靠崖窑的理想层位[6]。

虽然大部分的碛口窑洞都建于山坡之上，然而院落依然成为建筑空间的重要构成要素，具有明显的山西民居特性。碛口窑洞的院落常常由院门、影壁、内院、正房、厢房、倒座及楼梯间等构成。其在布局上不是通过坐北朝南来争取日照，而是以院落相连和狭窄的巷道来减少墙体散热，并将所有门窗都朝向封闭内院，以达到冬季防寒的目的，同时利用黄土的蓄热特性来保持窑洞内部冬暖夏凉[7]，这也体现出我国黄土窑洞在建筑材质上的地域适宜性选择。

地理解读：碛口窑洞是在黄土高原墚、峁的地貌环境下，利用黄土湿陷性小的特性挖掘而成，充分利用了厚生土层隔热保温的特性。同时，碛口窑洞虽然在山坡上修建，但建筑形制、院落组合方式同样受到晋商文化的影响。

* 研究成员：朱以才、葛 军、郑 蕾、朱 敏
* 本研究课题为北京大学研究生课程建设项目（编号：2009-11）
* 在此，对给予指点和提供资料的王恩涌先生、莫多闻教授、夏正楷教授、李有利教授、蒙吉军副教授表示感谢。

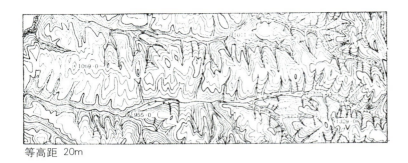

1.黄土墚地形等高线示意图。从图中可见，黄土墚为延伸的长条形丘陵，墚两侧陡峭，形成可挖掘窑洞的崖壁。碛口地区的地貌以黄土墚为主，土层以中、晚更新世黄土为主，适宜挖掘靠崖窑。[资料来源：李维能，方贤铨. 地貌学（测绘专业用）. 1983.164]

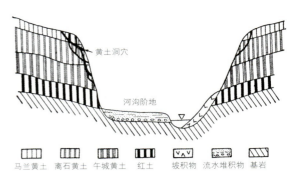

4.典型黄土河滩剖面土层分布示意图。可见，黄土土层由上至下分别为马兰黄土、离石黄土与午城黄土，其中适于开挖窑洞的为马兰黄土层和离石黄土层。（资料来源：北京大学、南京大学、上海师大、兰州大学、杭州大学、西北大学和中山大学地理系合编.地貌学，1978.173）

2.以陕西靖边黄土墚为例，在古地形和流水侵蚀的作用下黄土层被切割成为条带状的黄土墚，千沟万壑，纵横交错。（摄影：莫多闻）

5.陕西靖边红柳河河岸的窑洞所挖掘的黄土土层，是选择位于上部第四纪晚更新世的马兰黄土与中更新世的离石黄土之中的土层。同时相对河流位置较高，从而可避免洪水的影响。（摄影：莫多闻）

3.图为山西保德。由于侵蚀切割，黄土墚向峁发展。居民在较平缓的黄土顶上种黍子等农作物，下方离水近处建窑洞。吕梁地区也是墚、峁并存的黄土地貌。（摄影：莫多闻）

6.碛口李家山村平面图。李家山村距离碛口镇5km，是受到碛口镇经济影响而发展的一个自然村落，主要居住的是李氏家族。代表人物包括在碛口开设"德合店"、"万盛永"等商号的李登祥和开设"三和厚"商号的李带芬。另外李家山很多村民经营养骆驼、跑旱路、赶牲口的业务，目前保存的窑洞民居建筑比较集中。（资料来源：陈志华.古镇碛口，2004.153）

7.李家山村周边的地貌以黄土梁为主,其窑洞建筑依靠黄土梁的侧壁,依山而凿,顺坡而上,形成层层叠叠的窑洞景观。(资料来源:李贵、师振亚联系;摄影:高荣明)

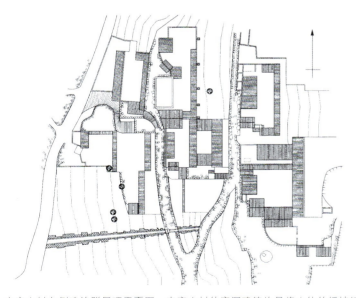

8.李家山村东侧建筑群屋顶平面图。李家山村的窑洞建筑均是将山体的缓坡切削,并对山体进行挖掘而建成的,各窑洞建筑形成山地院落的形式,院落开门设在东南角。(资料来源:陈志华.古镇碛口,2004,182)

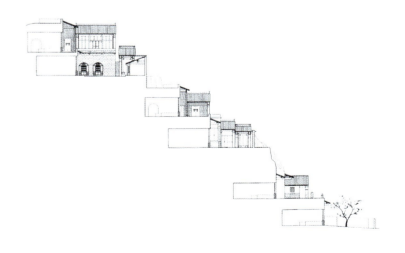

9.李家山村东侧建筑群屋顶剖面图。为节省耕地,碛口地区的窑洞主要利用坡地进行建设,下面一家的屋顶就是上面一家的地面。在碛口,窑洞的屋顶被称作"脑畔起",而其下面的院被称作"下畔起"。脑畔起多半具有公共道路、小型晒场和广场空间的功能,是重要的公共活动空间。(资料来源:陈志华.古镇碛口,2004,183)

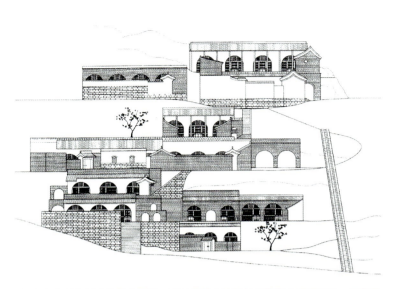

10.李家山村东侧建筑群立面图。碛口窑洞的窑脸具有强烈的可识别性,在矩形的砖石墙面上并列开出数个尺寸一致的拱形窗口,窗口拱顶是半圆券,较为宽大,利于采光。(资料来源:陈志华.古镇碛口,2004.182)

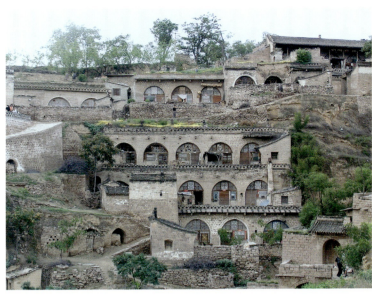

11.李家山村东侧建筑群立面。由于受到传统礼制的影响,碛口地区推崇"阳数",窑脸的窗口数目一般为三或五开间。(资料来源:李贵、师振亚联系;摄影:高荣明)

12.李家山村一角。由于李家山村窑洞建筑层层叠落,楼梯成为必要的交通方式。(资料来源:李贵、师振亚联系;摄影:高荣明)

13.骆驼店是居民经济活动带来的建筑产物。由于碛口是水陆码头,向陕北运输的主要交通工具是骆驼和骡马,李家山很多村民经营养骆驼。驼店是碛口的这种特殊行业的反映,采用双叠院明柱厦檐高坎台的建筑形式,建筑空间内敛。(资料来源:李贵、师振亚联系;摄影:高荣明)

14.由李家山村院落的脑畔起向外望去,可以看到,院落正房为窑洞建筑,而厢房则用砖瓦结构。由于砖瓦房的热工性能远不如窑洞建筑,因此在碛口,砖瓦多用于厢房或倒座,一般不住人。(资料来源:李贵、师振亚联系;摄影:高荣明)

15.图中的黑龙庙是碛口镇的公共活动中心。在碛口,黄河由于大同碛的存在由宽突然变窄,这使得碛口素有"黄河第二险滩"之称,因此人们在此修建了黑龙庙以"镇水"。黑龙庙成为了碛口镇重要的标志性建筑物。(资料来源:李贵、师振亚联系;摄影:高荣明)

注释

1.吕梁地区地方志编纂委员会.吕梁地区志[M].太原:山西人民出版社,1989.39

2.吕梁地区地方志编纂委员会.吕梁地区志[M].太原:山西人民出版社,1989.28

3.杜林霄.碛口古镇聚落与民居形态分析:[硕士学位论文][D].太原:太原理工大学,2007.15~16.

4.吉晶.山西临县碛口古镇形态布局分析[J].山西建筑,2009,35(9):34~35

5.马杨悦.浅谈碛口古镇的价值与保护[J].文物世界,2006,(2):19~22.

6.侯继尧,王军.中国窑洞[M].郑州:河南科学技术出版社,1999

7.吉晶.山西临县碛口古镇形态布局分析[J].山西建筑,2009,35(9):34~35

参考文献

[1]北京大学、南京大学、上海师大、兰州大学、杭州大学、西北大学和中山大学地理系合编.地貌学[M].北京:人民教育出版社,1978

[2]陈志华.古镇碛口[M].北京:中国建筑工业出版社,2004

[3]杜林霄.碛口古镇聚落与民居形态分析:[硕士学位论文][D].太原:太原理工大学,2007

[4]侯继尧,王军.中国窑洞[M].郑州:河南科学技术出版社,1999

[5]吉晶.山西临县碛口古镇形态布局分析[J].山西建筑,2009,35(9):34~35

[6]李维能,方贤铨.地貌学(测绘专业用)[M].北京:测绘出版社,1983

[7]陆元鼎.中国民居建筑(上卷)[M].广州:华南理工大学出版社,2003

[8]吕梁地区地方志编纂委员会.吕梁地区志[M].太原:山西人民出版社,1989

[9]马杨悦.浅谈碛口古镇的价值与保护[J].文物世界,2006(2):19~22

[10]王向前.碛口窑洞民居建筑形态解析:[硕士学位论文][D].哈尔滨:哈尔滨工业大学,2007

[11]杨景春,李有利.地貌学原理[M].北京:北京大学出版社,2001

[12]中国科学院中国植被图编辑委员会.中国植被及其地理格局——中华人民共和国植被图(1:1000000)说明书(上卷)[M].北京:地质出版社,2007

[13]中国科学院中国植被图编辑委员会.中国植被及其地理格局——中华人民共和国植被图(1:1000000)说明书(下卷)[M].北京:地质出版社,2007

[14]中国科学院中国植被图编辑委员会.中华人民共和国植被图(1:1000000)[M].北京:地质出版社,2007

作者单位:北京大学城市与环境学院

只闻人声不见人——地坑院
Heard but not Seen - Sink Yard

汪 芳 郁秀峰 Wang Fang and Yu Xiufeng

地　　点：河南三门峡

地貌特征：三门峡市境内的地坑院主要分布于黄土高原南缘、黄河南岸河谷阶地后缘的黄土塬上。目前在河南省三门峡境内保存较好的仍有100多个地下村落、近万座地坑院。这片黄土塬海拔高度在480～750m之间，塬面平坦，坡度仅在1°～2°之内。黄土土层深厚，厚度在50～150m之间，保肥能力强。

气候特征：三门峡市域内的黄土塬地区包括灵宝县的程村塬、阳店塬、焦村塬、苏村塬和陕县的张村塬、张汴塬、东凡塬等区域，属暖温带季风气候区，四季分明，春秋短而冬夏长，春季干燥大风，夏季炎热多雨，秋季温和湿润，冬季雨雪少而冷，日照充足，光热水量集中而季节分布不均，适宜农作物生长，但易发旱灾[1]。

植被特征：三门峡市地处暖温带与亚热带交界处，是全国植物区系划分的南北界线，植物种类繁多，资源丰富且产量大。地坑院分布区域主要为农耕区，野生植被以灌木为主，缺少乔木。正是这种地面平坦、缺少木材、黄土土层深厚的自然环境促生了地坑院这种建筑形式。

文化特征：黄土高原地区因其土层深厚，保肥能力强，黄土松软易于耕作，又是黄河及其支流流域覆盖区域，成为我国旱作农业起源的中心地区之一，同时也是中华文明的起源地。在这一区域，以农为本，崇德尚礼的农业文化一直占据着人们思想意识的主导地位。

与在黄土梁、黄土崩侧壁挖掘垒砌的靠崖窑不同，下沉式窑洞（又名天井式窑洞）形态的地坑院则主要分布在地面平坦、耕地相对广阔的黄土塬地区。这种布局有很多优点，例如距离耕地近，无需越沟爬坡即可到达耕地。

地坑院是在平坦的塬面上向下挖一个方形深坑，一般深约6m左右，坑壁竖直，形成一个"天井"；然后在坑的四壁各挖若干孔窑洞，形成居住空间。从塬面通往地坑院一般用坡道，当用地宽敞时采用直坡道，而土地不够宽裕时采用曲尺形坡道。地坑院一般是一户一个院落，也有同一姓氏的几户合住一个地坑院，但院内用围墙适当分割，形成组合式地坑院[2]。

由于地坑院处于地面以下，防雨排水成为其重要的需求。为保证地坑院不受雨水侵袭，在天井顶部四周砌一圈青砖青瓦檐，用于排雨水。房檐上砌一圈30～50cm高的拦马墙，在通往坑底的通道上方同样也有拦马墙。这样，一方面防止了地面雨水灌入院内，另一方面保证了地面上人们劳作和儿童活动的安全，同时也为地坑院起到了装饰的作用，为朴素的地坑院增添了几分美感。而为了将进入地坑院的雨水排净，每个地坑院中间设有深4～5m的旱井，或称渗井，专门用来收集渗入坑内的雨水。

地坑院内的各个窑洞各有分工，如主窑、客窑、厨窑、牲口窑、茅厕，有些还有门洞窑，另外往往在地坑院通往地面的通道旁设一口深水井供人畜吃水。按照主窑所处的方位，不同的地坑院分别称为"东震宅"、"西兑宅"、"南离宅"和"北坎宅"。这体现出产生和发展于我国中原传统农业文明的风水文化对这一区域的建筑产生的重要影响。

地理解读：平坦的黄土塬地区没有修建靠崖窑的自然条件。人们采用的地坑院形式，虽然挖掘的土方量较靠崖窑、崮窑大了很多，但充分利用了黄土的物理化学性质，并且在建造过程中大大减少了对本地紧缺的木材的依赖，是适宜黄土塬地区自然环境的一种建筑形式。

* 研究成员：朱以才、葛军、郑蕾、朱敏
* 本研究课题为北京大学研究生课程建设项目（编号：2009-11）
* 在此，对给予指点和提供资料的王恩涌先生、莫多闻教授、夏正楷教授、李有利教授、蒙吉军副教授表示感谢。

注释

1. 三门峡市地方史志编纂委员会编. 三门峡市志（第一册）. 郑州：中州古籍出版社，1997.73

2. 陆元鼎. 中国民居建筑（上卷）[M]. 广州：华南理工大学出版社，2003.301

参考文献

[1]北京大学、南京大学、上海师大、兰州大学、杭州大学、西北大学和中山大学地理系合编.地貌学[M].北京：人民教育出版社，1978

[2]陆元鼎.中国民居建筑(上卷)[M].广州：华南理工大学出版社，2003

[3]潘谷西.中国建筑史(第4版)[M].北京：中国建筑工业出版社，2001

[4]三门峡市地方史志编纂委员会编.三门峡市志(第一册).郑州：中州古籍出版社，1997

[5]中国科学院中国植被图编辑委员会.中国植被及其地理格局——中华人民共和国植被图(1:1000000)说明书(上卷)[M]. 北京：地质出版社，2007

[6]中国科学院中国植被图编辑委员会.中国植被及其地理格局——中华人民共和国植被图(1:1000000)说明书(下卷)[M]. 北京：地质出版社，2007

[7]中国科学院中国植被图编辑委员会.中华人民共和国植被图(1:1000000)[M]. 北京：地质出版社，2007

作者单位：北京大学城市与环境学院

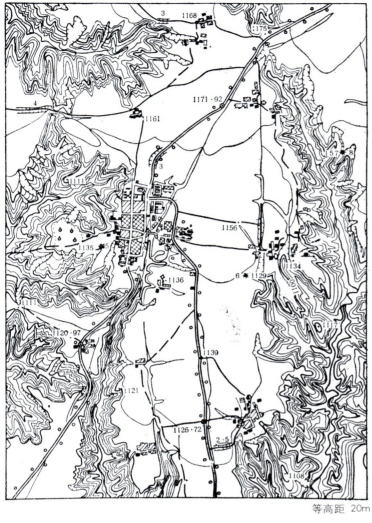

等高距 20m

1.黄土塬地形等高线示意图。塬是黄土高原中规模最大的正向地貌，是在比较平坦的古地面上经黄土堆积而形成的高原面。由于长期的流水侵蚀，目前大面积完整的塬已经很少。[资料来源：李维能，方贤铨．地貌学（测绘专业用），1983.164]

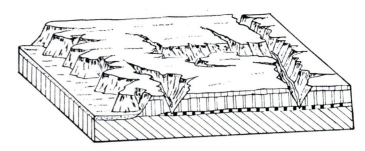

2.黄土塬形态示意图。塬面地势一般极为平坦，四周均为沟谷环绕。由于沟头不断向塬面蚕食，各条沟谷向塬侵蚀的速度又不等，因此塬的边缘参差不齐，呈现花瓣状。（资料来源：北京大学、南京大学、上海师大、兰州大学、杭州大学、西北大学和中山大学地理系合编.地貌学，1978.173）

3.图片中反映的是黄土高原地区的主要农作物——黍子。黄土高原地区的农业文明建立在旱作农业之上，其代表作物就是黍子。（摄影：莫多闻）

4.地坑院。地坑院是在平坦的塬面上向下挖一个方形深坑，然后在坑的四壁各挖若干孔窑洞，形成居住空间。[资料来源：陆元鼎.中国民居建筑（上卷），2003.299]

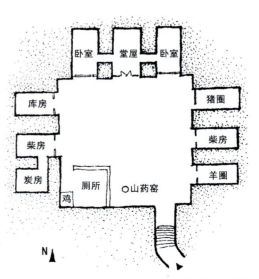

5.地坑院平面布局示意图。在地坑院之中，居住的堂屋与卧室位于北侧，这样可以获得向南的朝向，而厕所则位于西南方，在整体布局之中都体现了风水的思想。[资料来源：潘谷西.中国建筑史（第4版），2001.99]

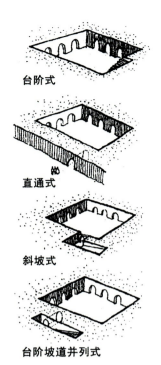

台阶式

直通式

斜坡式

台阶坡道井列式

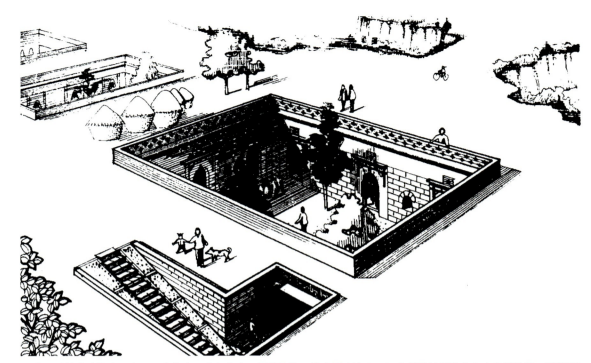

6.地坑院入口交通示意图。根据地形条件与土地宽裕程度，地坑院可能采取多种入口交通形式：当土地较为宽阔时，多采用直通式的形式；而当土地不够宽裕时，多采用曲尺形的入口坡道。[资料来源：潘谷西.中国建筑史（第4版），2001.99]

7.曲尺型坡道地坑院示意图。地坑院天井上方有一圈挡马墙，防止雨水流入，而曲尺型坡道的上方亦有挡马墙。[资料来源：陆元鼎.中国民居建筑（上卷），2003.300]

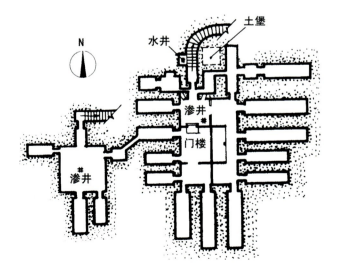

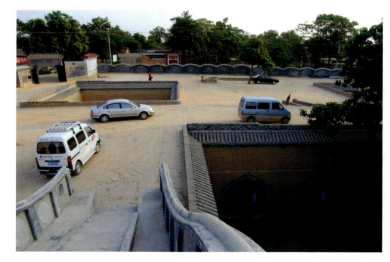

8.弯坡道地坑院平面。地坑院的坡道旁多开有一水井，用于取水；而地坑院的天井中则有渗井，用于将流到地坑院的雨水排净。[资料来源：陆元鼎.中国民居建筑（上卷），2003.300]

9.从地面看地坑院，几乎感觉不到这里就是一家家的院落，"只闻人声不见人"。地坑院恰似一个个"天井"，而其屋顶则成为了户外露天平台。（资料来源：胡军提供；摄影：唐科峰）

10.从地面看地坑院院内。地坑院为方形院,有长方形或正方形的院落,一般深6m左右,并有9m×9m,12m×12m等多种尺寸。(资料来源:胡军提供;摄影:唐科峰)

11.地坑院院内的窑洞。地坑院院内的窑洞主要靠窑洞门上面的亮窗采光,以北面的窑洞作为堂屋,这样可获得最佳的朝南方向。(资料来源:胡军提供;摄影:唐科峰)

12.地坑院中盛开的梨花,寓意吉祥,并带来温馨的生活气息。地坑院因在地下,可获得防风的效果,从而形成良好的小环境。(资料来源:胡军提供;摄影:唐科峰)

当理性遭遇感性
——住宅产品的设计研发是技术和艺术的结合
When the Rational Meets the Sensible
Housing R&D work is the synthesis of technology and art

楚先锋 *Chu Xianfeng*

在科幻电影《星际迷航》中，有一位母亲是地球人、父亲是瓦肯星人的宇航员斯波克。他是在一个以逻辑为基础的瓦肯星的"理性"社会中成长起来的星球联盟军人，不愿表现出任何"感性"的一面。但在与邪恶势力决战的关键时刻，他的"感性"与"理性"发生碰撞，最终带领飞船度过一场劫难，并勇敢地航向前人所未至的宇宙未知领域。

在斯波克的瓦肯人父亲告诉他"很好"这个词"不够精确"时，在斯波克选择参加星球联盟舰队而不加入瓦肯科学院时的理由是"符合逻辑"时，我又想起了在做《精装修设计原则和技术标准》的时候，一再和大家强调的内容：技术标准的条文应该是"简洁的、精确地、概括的"，不能使用形容词，因为形容词是描述性的词汇，是"感性的"而不是"理性的"。这是编制技术标准的基本原则，我们很容易理解，但"提炼"的过程确实比较痛苦。

同时，就像简洁的国家标准后面有厚厚的条文说明一样，我们也要对这些技术标准进行说明，把精炼、概括的语言再还原出来，使人看了能够了解其编写背景。这时的语言要具有说明性，且尽可能地详尽，甚至有些啰嗦——因为既要从正面说这样做有什么好处，又要从反面说不这样做会出现什么问题。但总地来说，编写技术标准的时候，无论是条文正文还是条文说明都要遵循理性和逻辑性。下面试举其中的几个例证加以说明。

有条件时尽可能多地设置储藏空间

生活条件提高，购买的物品越来越多，家庭需要的储藏空间也越来越多。

收纳空间包括：鞋子收纳、衣物收纳、被褥收纳、食品收纳和物品收纳。

我们在做精装修设计时要根据国人的生活习惯，多设计收纳空间，真正使精装修房能达到功能齐全，使物有所属，洁污分区清晰。

- 两边放鞋的鞋柜
- 走道上面的空间利用
- 冰箱上部空间利用
- 床下空间利用
- 地板下空间的利用

1.这条原则告诉设计师"有条件时尽可能多地设置储藏空间"，具体原因、具体做法在条文说明中予以详细解释，并且附上参考图片，一目了然。

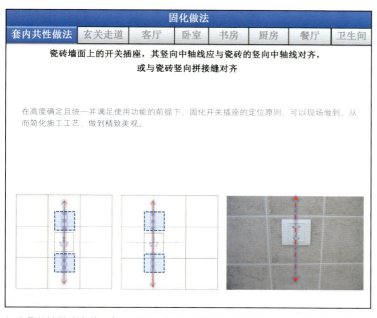

2.这是共性做法中的一条,无论是在哪一类房间(厨房或者卫生间)中,开关插座和瓷砖拼缝的关系均要遵循这样一个原则。

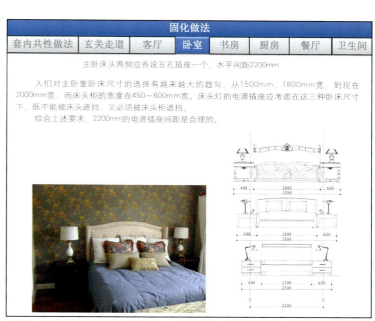

4.同样道理,我们确定了2200mm的床头灯开关插座间距,并用示意图清晰地表达出来。

3.这是要求客厅采用不同的场景模式照明的原则。说明文字解释说客厅照明模式至少应分两种形式。

5.卫生间干区为了给女主人的梳妆创造良好的照明,明确了"应设主灯和镜前灯",而且给出了充足的理由(为了均匀地照亮脸部,不产生阴影),否则不能说服设计师和成本控制人员。这些都是非常客观和理性的分析。

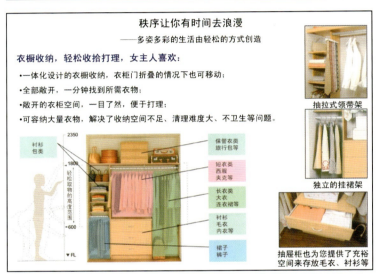

6a.6b.这是我们的专业研究人员完成的第一版介绍资料。可以看到,每一种产品的各项特性均被罗列出来,但其实客户可能只会关注其中不同的1~2条。多余的信息使他们无奈和反感,这种介绍方式效果肯定不会好。

8a.8b.一般来讲,一旦制定了购房计划,房子的最终选择权往往落在女主人手中,设计和宣传充分考虑了女主人的需求及心理,"干净"、"整洁"、"便于护理"等往往更能打动她们的心。

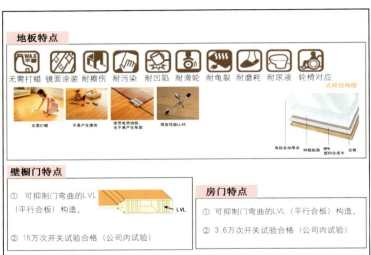

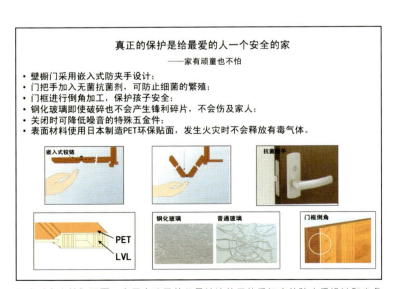

7.在"安全篇"里面,家里有孩子的父母关注的无外乎门扇的防夹手设计和尖角的倒角、圆角处理,玻璃破碎的伤害防范等。其实这些对成年人和老年人也一样具有安全保护功能。把这些内容集中在一起,容易打动对此关注的人群。

9.专业的施工管理让客户放心,但这句话可以换一种说法,那就是"可以留多一些时间给自己和家人",这会引起非常重视家庭团聚生活的人的共鸣。

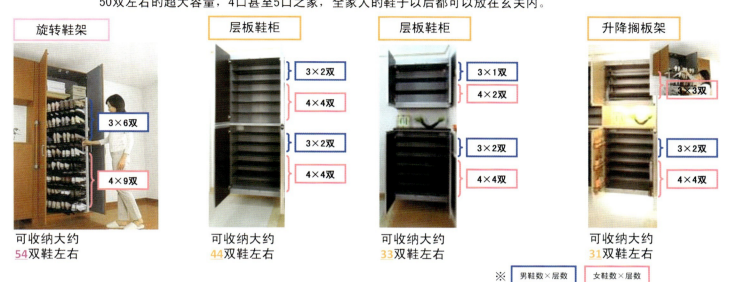

10. 这里引用《欲望都市》女主角凯莉的一句名言："鞋子永远比面包重要"，应该能够引起这类女子的共鸣。

但是后来我们在做另外一个课题的时候，便需要更换一下思路了。

这是一个对接客户需求的课题：《松下电工精装修优点总结》。按照传统的介绍方法，即松下电工产品介绍手册上的介绍方法，会把产品分门别类，如橱柜、洁具与收纳系列产品，然后再按照单个产品进行介绍，如：材料、功能及使用、维护、维修各有什么特点。最后就会形成如图6所示的样式。

上述实例中的信息确实"很全面"，在技术人员看来排列得清清楚楚——"结构清晰、逻辑性强"，但它有一个最致命的缺点，即这些信息是生产厂家认为的"重点"，而不是客户关注的"重点"。客户关注的信息虽然册子里面都有，但是客户既不够"专业"，也不够"耐心"从中去发掘。

如果我们把瓦肯人的"理性"转化为地球人的"感性"来做这件事情，也就是用感性的语言来感染客户，用容易感性认知的内容来影响客户，结果又将如何？

客户无论是对自己的需求，还是对产品的评价，都是非常感性的。如，类似《欲望都市》里面的女主角凯莉那样爱买鞋子的女士可能会说："我家的鞋子太多，我需要非常大的鞋柜！哦，这个大鞋柜真的很好，能满足我的需要！"而非常关注孩子安全的妈妈可能会说："我家的孩子真调皮，真怕他受到伤害！哦，松下电工的这些家居设计考虑得真周到，买他们的产品吧，这下我就不用担心了！"但是，如果我们不是按照客户的关注点而把产品的优点集中起来告诉他们，他们又怎么会受到触动呢？！

所以，这些给客户看的资料与给设计师看的技术标准，在形式上不应该表现一致。后者要求理性、客观、准确，不能使用形容词和副词，而前者则应该感性、主观感情色彩浓厚，可以大量使用形容词和副词。一旦客户对某些特点感兴趣，他们可以同时获得较为客观、准确、详实的技术资料介绍，使他们确信这些特点并不是夸大，促使他们做出购买的决定。在这个原则的指导下，《松下电工精装修产品介绍》终于完成，图7～10为举例说明。

只有以客户的"感性需求"为出发点，以产品的"理性分析"为支撑，才能赢得客户的"芳心"，这是一件战无不胜的法宝。当理性遭遇了感性，技术结合了艺术，就形成了我们产品研发的工作原则：遵照客户能感知的标准去进行产品研发，用产品研发的结果去打动客户。这个原则不仅适用于"技术标准"的制定和"产品推介资料"的编写，而且将伴随我们产品研发的全过程。

作者单位：亿达集团项目发展与产品研发部

关于中国主要城市既有住宅现状的研究
——居住评价与意向调查的启示

Currant Situations of Urban Housing in Major Cities in China
Conclusions on Residential Evaluations and Outlook

周静敏 张 璐 薛思雯 徐伟伦 朱兆阳
Zhou Jingmin, Zhang Lu, Xue Siwen, Xu Weilun and Zhu Zhaoyang

[摘要]本文通过对中国23个主要城市居民的入户实态调查，对城市居民的居住状况和居住意向进行了全面的评估，明确了现阶段我国既有住宅问题的所在，为现有居住环境的改造及未来住宅建设提供了基础依据。

[关键词]住宅、实态调查、评价、居住意向

Abstract: Based on the housing survey in 23 major cities of China, we give evaluations on current situations and outlook of urban housing. Meanwhile, we figure out the pressing problems which will provide foundations of urban housing renovation and future construction.

Keywords: urban housing, survey, analysis, residential outlook

一、概况

2008年6～11月，同济大学本科生40余人、研究生70余人共同参与，开展了我国城市中小套型住宅居住实态及意向的调查。调查地区覆盖北京、杭州、苏州、南京、天津、厦门等23个城市，采取入户方式，内容包括住宅概况与人员构成、住宅评价与居住意向两部分，填写调查问卷、实地户型测绘和现场拍照记录，并于后期绘制CAD户型图。调查共走访62户，收取有效问卷56份。

本次调查作为"十一五"国家科技支撑计划"绿色建筑全生命周期设计关键技术研究"课题的第四子课题"中小套型高集成度住宅全寿命周期建设技术支持"的前期工作，旨在通过了解城市居民的居住现状、住宅相关配套设施状况及居民居住意向，进一步指导中小套型高集成度、高耐久性住宅设计技术、系统及产品的发展与整合。

二、调查分析

调研的对象集中在1995年以后兴建的住宅，住户的入住时间半数在2000年之后。

73%的被调查住户的家庭结构为核心家庭，常住人口以3人为主的占48%。住宅层数均在5层以上，多层、中高层和高层分别占到63%、23%和14%。板式住宅较之塔式住宅在比例上有绝对优势，占92%。

调查中建筑面积最大的达到165.5m²，最小的为52m²，近半数集中分布在100m²以上，大于120m²的占25%。住宅户型以三室二厅一卫、三室一厅一卫及三室二厅二卫居多，所占比例分别为14%、12.5%和12.5%，共计39%。住宅装修情况的调查结果表明，92%的住户为自己装修。

1. 房间面积仍是住宅评价中的决定性因素

在对起居厅、卧室、厨房、卫生间等主要功能房间的

评价中,"面积不足"都成为被选次数最多的项目,均在30%以上。而对于门厅及储藏等辅助功能空间,普遍反映的问题也集中在面积局促、没有独立空间、无法满足储藏需求等方面,所占比例均超过半数。可见,房间面积仍是住宅评价中起决定性作用的一项指标。

对于很多居民来说,房间面积总是越大越好,面积大了,灵活度就高,可以适应各种要求;但从另一个方面来说,面积受到经济条件、社会制度等因素的制约,不可能无限制地扩大。因此,空间的充分利用和合理安排布局就显得更为关键。例如,在对起居厅的评价中,有20%的住户认为目前房间"面积较大但是分隔不够",显示出部分户型没有充分考虑到起居厅的具体功能和可能的布置形式,存在空间上的浪费。其他的意见还包括"无缓冲空间"、"与餐厅在一起比较混乱"和"没有为空调预留位置"等。对于厨房的评价中,"管道布局不合理"占26%,"橱柜不好布置"占9%。对于卫生间的评价中,"没有洗衣机位置"占32%,"管道布局不合理"占20%。这些都反映出房间的布局形式与面积的合理利用对住宅功能的重要影响,应当予以足够的重视。此外,对于住宅面积的分配,住户普遍认为应当扩大厨房、卫生间、门厅以及储藏等功能空间的面积,并表示在总面积不变的条件下,可以考虑通过适当缩减起居厅、卧室的面积来达成。

2. 住宅各房间功能评价中,主卧满意度高,厨卫较不满意

此次调查的评价方式以打分进行,从低到高分为-3至3共七档。在对住宅各房间功能评价中可以看出,大多数人对主卧比较满意,对次卧、阳台和起居厅的评价也超过了1分,属于基本满意。对于餐厅、厨房、卫生间的评价不高,门厅的平均得分最低。相对于餐厅、厨房、卫生间这些功能设备比较多、设施要求较为复杂的房间,卧室、起居厅在设计中较易满足人们的需求,只是在采光、隔声等与居住舒适度相关的方面需要进一步加强。而对于厨卫空间,人们普遍反映的问题都集中在实用性上无法完全满足需求,如:厨房"操作面长度不够"(21%)、"没有冰箱位置"(30%)、"管道布局不合理"(26%);卫生间"没有洗衣机位置"(32%)、"通风不好"(21%)、"有返味现象"(21%)、"管道布局不合理"(20%)、"洁具不好布置"(18%)、"排水有噪声"(16%)等问题都占有较高比例,应予以足够的重视。此外,住户对于厨卫空间进一步的功能细分与独立分区也提出了一定的期望。

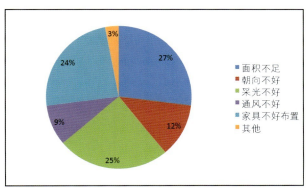

1a. 起居厅功能评价

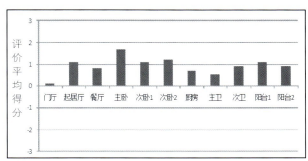

2. 住宅各房间功能评价

3. 较高比例住户倾向于餐厨独立

在此项调查中,选择餐厨独立的占多数,有45%的比例;而选择餐厨合一和灶台独立,操作及用餐开敞的也较多,各占23%;选择餐厨开放的较少,只占9%。其原因主要与中国的烹饪饮食习惯有关。与西餐不同,中国的饮食烹饪过程会产生大量油烟,若餐厨相连,势必会影响餐厅的就餐环境,因此灶台必须独立,而将操作区域并入餐

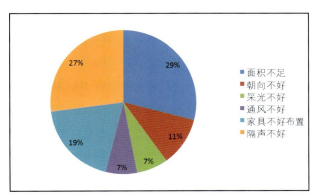

1b. 卧室功能评价

厅可能是出于扩大餐厅室内面积的考虑。

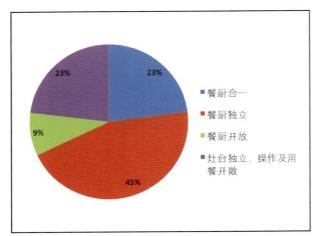

3.对于餐厅、厨房空间布局形式的选择

4.卫生间独立分室应主要考虑沐浴空间

经统计，46%的住户认为沐浴空间需独立分室，比例最大。这样的设计能避免沐浴时影响其他家庭成员正常使用盥洗空间，也减少了沐浴时产生的水汽对其他空间的干燥和整洁的影响，便于日常清理。选择如厕空间独立分室的也较多，占了27%，主要原因可能是为了避免异味扩散，影响环境，同时亦可减弱粗大的排污管道对其他空间布局形式的制约。选择盥洗及家务空间的较少，仅占18%和9%。

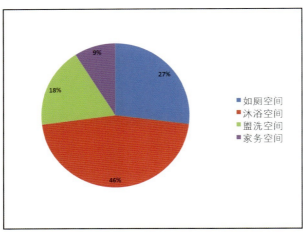

4.对于卫浴功能空间独立分室的选择

5.门厅满意度最低，主要问题为没有独立空间和贮藏空间不足

在此次调查中，对门厅的意见普遍较多，有26%的被调查者在对该空间的评价意见中选择了超过一个选项，在对各功能房间的满意度打分中门厅的得分也最低。问卷反映的主要矛盾集中在"没有独立空间"和"贮藏空间不足"两大问题上，各占31%和22%。传统户型设计中大多没有考虑设置独立的门厅空间，部分住户在装修中通过各种手法从其他功能空间中隔出一定区域作为门厅，但显然这样的改动还是相当局促的。因而导致了门厅在使用中很难满足换鞋、储物、缓冲等实际功能，只是作为过道而存在。在"其他"选项栏住户提出的问题主要为"空间较为

浪费"，反映出户型设计中即使预留了门厅空间，大多也没有合理配置相应的功能设施。人们对于门厅的使用功能也提出了较多意见，有22%和12%的被调查者认为"储藏空间不足"和"换鞋空间"不足。还有住户反映门厅的宽度不够，采光不好，直接对着卫生间不雅观等等。综上可见，门厅在人们住房观念中的重要性越来越突出，人们不仅对其面积、独立性有一定的要求，对其所承担的使用功能也提出了更高的需求。

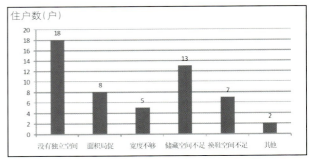

5.对于门厅的评价意见

6.住宅基本评价中，朝向、通风、采光满意度高，隔声和管线问题有待提高

在被调查者对住宅基本评价的各项打分中，各评价项目的平均分都为正得分，没有出现负分的选项。其中，朝向、通风、采光得分较高，均高于1分。可见作为衡量住宅舒适度最基本的几项指标，在国家规范中都有明确的指标规定，或者在设计中都已形成了约定俗成的规律，比较容易量化。此外，大部分居民在购置房产的过程中都较为关注这几方面的比较，因此在户型设计中给予了足够的重视。被调查者对于房间数和装修也基本满意。

而在调查中，住户对于水管和电路的评价普遍不高，存在安装、改造、维修不便，且分布不均、数量不足等问题，对居民的生活造成了困扰。而由于城市住宅越来越密集，住宅的隔声也成为了人们非常关心的问题，调查中该项的满意度最低。因此，房屋的隔声处理以及装修的管线设计有必要进一步提高水平，以满足住户的需求。

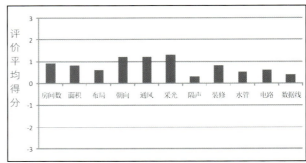

6.对于住宅的基本评价

7.大部分居民倾向于自己装修

调查结果显示，居民自己装修有其优势，能同时兼顾个性化、经济性和工程质量。在所有被调查者中，有高达76%的住户选择自己装修，而选择购买开发商装修的商品

房的仅占24%。相比先前住宅基本调查项目中的装修情况而言（自己装修92%，开发商装修8%），选择开发商装修的住户比例有明显的上升。推测其原因主要是，经过几年的发展，精装修商品房市场已较为成熟规范，装修产品的品质都较好，从而成为一部分工作忙碌、生活节奏快、经济条件又较好的购房人群的首选。

此项调查中，住户的选择集中在10年以内，选择5年左右的最多，为45%，选10年左右的占34%，其他约为20%。说明随着经济水平的提高，人们对于家居更新的周期有所缩短。

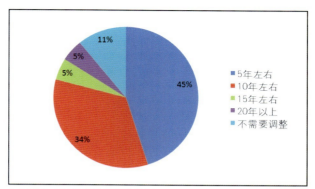

9.对于住宅装修调整周期的选择

三、结论

调查显示，我国既有住宅的门厅、卧室、起居室等部分具有面积狭小且分配不合理、功能布局及装修不当等问题。隔声通风良好、面积充足且合理布局的住宅是居民的主要需求。

此次调查覆盖城市地区较广，所反映出的问题对于提高我国住宅设计的质量、舒适度具有实际性、普遍性和指导性，也为城市现有居住环境的改造优化提供了方向和参考。

＊国家科技支撑计划重点项目（2006BAJ01B01）

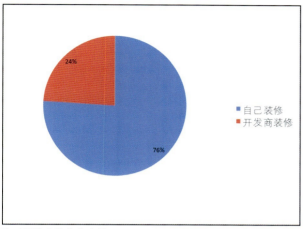

7.对于住宅装修的选择

8.住户希望增加工作空间和储藏空间

此项调查显示，住户最想增加的功能房间为书房，比例高达39%。推测其原因在于，现有的中小户型住宅设计迫于面积，大多未考虑设置独立的工作空间，而首先将房间用作卧室。工作空间通常与起居室或卧室合用，容易彼此干扰，因此许多住户希望增设独立的书房来满足家庭工作的需要。而储藏空间的不足在本调查表的多项调查中均有所反映，被调查者中认为储藏空间不够用的达到了59%。调查发现，不仅是面积小的户型存在这个问题，许多大户型亦因设计布局上的不合理造成了空间的浪费，同样缺乏充裕的储藏空间。这再次证明了独立的储藏室的确是现代住宅的迫切需要，也是住宅品质的重要体现，应予以重视。此外，由于受到面积的限制，壁柜是住户认为比较理想的储藏空间（43%），相对而言选择家具的较少（14%）。也有不少住户在家装改造时，选择拆除轻隔墙，代之以整体式的橱柜。这样既有效利用了室内面积，又增加了储物的空间，一举两得，是中小户型较受欢迎的储物形式。

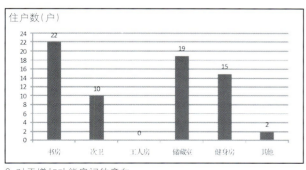

8.对于增加功能房间的意向

9.对于住宅平面布局调整的周期集中在5～10年

作者单位：同济大学建筑与城市规划学院

对市场主导下政府干预居住社区商业设施配置的探讨

An Investigation on the Distribution of Commercial Facilities in Housing Communities

陈燕萍 李亚晴 *Chen Yanping and Li Yaqing*

[摘要] 本文讨论居民购物消费的行为和市场主导条件下社区商业设施的配置特征,以及完全的市场配置存在的问题。归纳发达国家和地区政府干预社区商业设施开发经营的方式,为改进国内城市现行做法提供参考。

[关键词] 居住社区商业、市场主导、政府干预

Abstract: *The article discuss the consumption behavior and distributional characters of commercial facilities under the market rule, as well as existing problems. It generalizes commercial development models propelled by local authorities in the developed countries and provides references for commercial development for China's cities.*

Keywords: *community commercial facilities, market oriented, authority intervention*

一、问题提出

随着我国市场经济的不断深入和住宅商品化,传统计划经济模式下的居住区概念已经逐渐被内涵丰富的居住社区概念所取代[1]。政府主导、层级清晰的居住区开发逐渐转向市场主导、不同规模的楼盘开发。同时,传统概念中的居住区配套设施被划分为公共设施、共有设施和商业服务设施[2],其中商业服务设施由计划配置逐步转向市场配置。本文讨论在市场主导下政府如何干预居住区商业设施配置的问题。为区别于传统概念,本文将"居住区"统称为居住社区。

居住社区商业作为城市商业结构中最基本、最贴近居民日常生活的一个层面,是"以特定居住区的居民为主要服务对象,以便民、利民和满足居民生活消费为目标,提供日常生活需要的商品和服务的属地型商业"[3]。本文讨论的重点是:在市场主导社区商业设施开发与经营的前提下,政府应从哪些方面对其进行干预?政府在公共管理的过程中如何进行合理而有效的干预,依据是什么?

二、居民日常购物消费需求与行为特征

根据居民对日常生活用品的需求层次,可将商品分为两类:一类以满足居民日常生活的最基本需求为主,包括食物、饮料、报刊和药物等,本文将这类商品统称为便利品;另一类以满足居民多元化、多层次和个性化的消费需求为目的,消费者会在其素质、种类和价钱上作出比较,包括衣履、首饰、电器和家庭用品等,本文将这类商品统称为比较品(通常是耐用品)。

从消费决策的角度,对于低等级商品(便利品),消费者选择购物地点的主要考虑因素为出行成本(包括出

深圳、上海、天津、北京居民购买不同类型商品的频率和出行距离　　　　　　　　　　　　　　　　　　　　　　　　　　　　　　　　　　　　　　表1

商品类型	购物频率			购物出行距离(km)			
	深圳(2004)	上海(2008)	天津(2001)	深圳(2004)	上海(2008)	天津(2001)	北京(2009)
蔬菜食品	9.3次/周	6.0次/周	5.8次/周	1.0	1.2	0.4	1,085
日常用品	3.3次/月	1.5次/月	9.9次/月	2.1	2.6	1.0	1,459

数据来源：见参考文献3~6。

2007年深圳不同收入水平居民购买不同类型商品的消费开支　　　　　　　　　　　　　　　　　　　　　　　　　　　　　　　　　　　　　　表2

消费类型	最低收入户		低收入户		中等偏下户		中等收入户		中等偏上户		高收入户		最高收入户		消费开支的离散系数
	支出(元/年)	比例(%)	支出(元/年)	比例(%)	支出(元/年)	比例(%)	支出(元/年)	比例(%)	支出(元/年)	比例(%)	支出(元/年)	比例(%)	支出(元/年)	比例(%)	
1 食品	3119.53	64.2	3998.99	60.4	4235.25	54.5	4671.93	50.6	5104.61	40.3	5756.92	39.1	6160.83	28.4	0.22
2 在外饮食	385.83	7.9	601.71	9.1	966.59	12.4	1305.53	14.1	1802.13	14.2	2041.67	13.9	3784.57	17.4	0.74
2 衣着	486.26	10.0	783.61	11.8	976.86	12.6	1076.04	11.6	1974.44	15.6	2018.04	13.7	3032.4	14.0	0.61
3 家庭设备用品及服务	384.67	7.9	543.82	8.2	716.38	9.2	860.2	9.3	1359.1	10.7	1773.07	12.0	2278.45	10.5	0.62
4 文化娱乐用品	219.61	4.5	290.26	4.4	258.78	3.3	487.22	5.3	834.7	6.6	1017.02	6.9	1464.48	6.7	0.72
5 文化娱乐服务	91.13	1.9	128.95	1.9	268.32	3.5	459.16	5.0	713.15	5.6	1016.47	6.9	2420.6	11.1	1.12
6 其他商品和服务	172.25	3.5	273.68	4.1	342	4.4	379.96	4.1	865.89	6.8	1117.9	7.6	2582.28	11.9	1.04
合计	4859.28	100	6621.02	100	7764.18	100	9240.04	100	12654.02	100	14741.09	100	21723.61	100	——

数据来源：深圳市统计局，2008深圳统计年鉴

行时间和出行费用）最小，并且习惯性地固定在距离较近的特定地点；而对于高等级商品（比较品），随着商品档次的提高，居民对出行成本的敏感度降低，愿意一定程度上增加出行时间和费用的成本，并倾向于远距离出行[4]。相关学者对深圳、上海、天津、北京等城市居民购物消费行为的时间空间特征的研究结果[5]也表明，居民购物消费行为总体上具有高等级商品购物频率低，出行距离远；低等级商品购物频率高，出行距离短；高等级商品在高等级购物地购买，低等级商品在低等级购物地购买的特征。根据居民购买不同类型日常用品的购物频率和出行距离（表1），上述研究将居民日常购物活动抽象成一个两圈层的空间结构。第1圈层(半径0.5km)集聚了70%左右的蔬菜食品类购物活动和30%左右的日常用品类购物活动，居民一般步行前往；第2圈层(半径0.5~4km)集聚了30%左右的蔬菜食品类购物活动和50%左右的日常用品类购物活动，居民出行方式包括机动车（公交和私家车）出行、非机动车（自行车）出行和步行。这两个圈层基本构成了居民日常购物活动的空间范围。

上述研究同时也指出，不同社会/经济特征居民的消费行为和消费需求存在差异。统计数据显示，不同收入水平的居民购买不同类型商品的消费开支存在差异，用于比较品的消费开支的差异水平（以离散系数衡量）尤为明显（表2）。

三、市场主导条件下社区商业设施配置的特征与问题

1.市场主导条件下社区商业设施配置特征

社区商业设施的配置包括开发和经营两个主要环节。这点决定了商铺开发与住宅开发在经济效益计算上具有本质的不同：住宅的未来经济利润可使用普通会计利润来预算，即单一的一次性总销售收入和减总开发成本；而商铺的开发利润是通过无数次、多种途径的不定性收入形式所获得的，其中包括出租、销售、自营等实现形式[6]。因

深圳市南山区不同等级社区商业设施基本情况　　　　表3

社区商业设施级别	核心店	核心店商业建筑面积(m²)	提供商品种类	区位特征
高等级社区商业设施	购物中心+大型超市	约100000	中高档次比较品为主	人口密集，交通便利
	大型百货+大型超市	25000~50000	中档次比较品为主	
中等级社区商业设施	大型超市	6000~10000	中低档次比较品	
低等级社区商业设施	中小型超市/百货/综合市场	1500~3000	便利品为主	大部分临街而建，少数位于大型居住区内部

数据来源：见注释7。

社区的内部和边缘；而以售卖比较品为主的高等级社区商业设施则选择在交通便利的位置生存，以方便居民乘机动车到达。

另一方面，从经营成本和经营利润的角度来看，便利品相对于比较品利润较低，租金承受能力也相对较低，因此，以经营便利品为主的低等级社区商业设施倾向于选择在租金相对较低的位置生存；而比较品虽然利润较高，但其经营成本也相对较高，因此，以经营比较品为主的高等级社区商业设施需要选择在人口密集、交通便利的地段生存以保证其核心客流量，并开设免费购物巴士方便其他地区居民前来购物，从而获得更多的利润(表3、图1)。

（2）收入水平越高的区域，店铺规模越大，比较品比例和档次越高

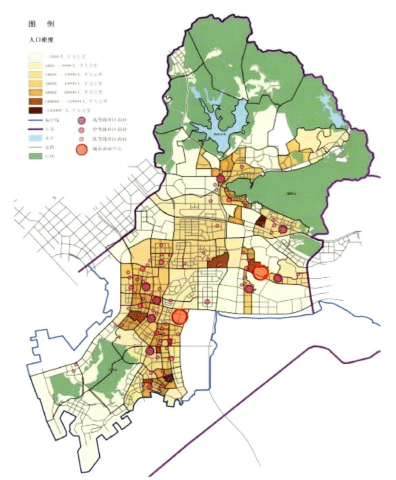

1.深圳市南山区主要社区商业分布及人口密度示意

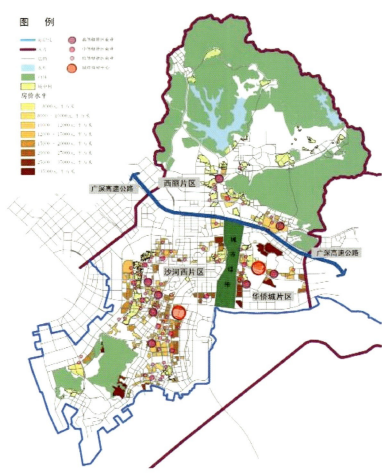

2.深圳市南山区主要社区商业分布及楼盘交易均价示意

此，发展商在前期项目策划时就应从零售经营的角度考虑商铺的市场需求情况。地产界一般运用商圈饱和度理论、商圈引力模型等理论，结合人口、居民消费水平、居民消费习惯等因素进行商业需求判断，最终确定商铺开发的规模和形式。根据笔者对深圳市南山区的调查，通过市场化运作的社区商业设施的配置呈现出以下特征：

（1）低等级社区商业设施相对均质分布，高等级社区商业设施相对集中于交通便利、人口密集的区域

一方面，居民的日常购物消费行为特征表明：居民购买便利品的购物频率高，出行距离短，出行方式一般为步行；居民购买比较品的购物频率低，出行距离远，出行方式包括机动车出行、非机动车出行和步行。因此，以售卖便利品为主的低等级社区商业设施分散于各个

居民的购物消费支出的构成（表2）表明，高收入居民在比较品方面的消费开支远远高于低收入居民，而低收入居民的消费开支主要以便利品为主。在深圳的调查数据显示，在高档住宅集中的华侨城片区[8]，居民数量仅15.3万，却设有华侨城购物广场（营业面积约20000m²）和京基百纳购物中心（营业面积约100000m²）两个以经营中高档次比较品为主的大型商场，平均一个商场的服务人口为7.65万人；而在中低收入居民聚集的西丽片区[9]，居民数量约46.3万人，仅设有2个以经营中高档次比较品为主的大型商场（总营业面积约35000m²），平均一个商场的服务人口高达23.15万人（图2）。但与此同时，西丽片区存在大量的临街小店铺，人均商业面积与华侨城片区十分接近[10]。据笔者的调查，两片区均有90%以上的居民认为本片区的社区商业设施是便利的[11]。

显然，随着社会分层和居住空间分异的日益显现，市场调节不可避免地在居住社区商业设施配置中呈现主导作用[12]。事实上在市场的作用下，商铺的选址、开发和经营既可较为有效地满足不同社会/收入特征人群的消费需求，又能保证商业经营者的获利要求。

2. 完全的市场配置存在的问题

尽管市场在多数条件下是有效率的，但也有"失灵"的情况。单纯依赖市场的运作也会产生问题和矛盾，表现为以下几个方面：

(1) 社区商业设施"供给过剩"或"供给不足"

在实际的建设中，市场开发主体的决策和行为受以下因素影响，并不完全符合居民的实际需求，造成社区商业设施"供给不足"或"供给过剩"。

a. 信息不充分和开发主体专业水平不足导致社区商业设施开发过度

发展商对商铺市场需求的判断偏差将导致决策失误。例如，在深圳南山区前海路鼎泰丰华小区入口处，发展商建设了3层总建筑面积约5000㎡的商业建筑，但目前位于首层的面积约1000㎡的华润超市已经足以满足居民需求，其余两层的商铺空置。位于深圳市南山区科技园南区的滨福世纪商业广场的状况也是如此，发展商建设了3层总建筑面积10000㎡的商业建筑，但目前除了位于首层的面积约1200㎡的人人乐超市和部分餐厅经营状况良好外，其他商铺也都处于空置状态。

导致开发主体决策失误的原因主要是信息掌握不充分和团队自身专业水平较弱。我国社区人口信息与居民收入水平、购物习惯、消费开支等基础信息渠道不通畅，增加了开发主体获取信息的难度。又因其不够了解居民需求与商业设施的经营特征，对本地块与周边地块商业设施经营的交互影响考虑不足，以及错误判断市场等等，导致重复建设，造成资源浪费[13]。

b. 社区商业设施配置不当以及资本的逐利本性导致居民的基本生活服务需求得不到保障

在深圳市南山区科技园北区，一万多较高收入居民却没有一个小型超市。虽然该片区部分楼盘开发了少量商铺，但由于不成规模，没有零售商愿意经营，商铺全部空置。部分小区（科苑学里、英伦名苑）的居民购买日常生活用品需要步行约800m。虽然位于人口密集地区的各个大型超市均开设了到达该片区的免费购物巴士[14]，但乘坐的出行时间（往返，不包括等候时间）需30分钟，居民的日常生活仍感不便。

另外，对经营者来说，便利品和某些基本服务的利润有限，为了获得更高的利润，他们往往经营选择型业种，这就导致了社区商业设施的结构性不足。例如，小区内早餐店的缺乏导致每天上班高峰期在居住社区附近的公交站旁出现了大量售卖早餐的流动商贩。

(2) 某些商业功能对城市环境和居民生活造成干扰

市场主体仅从营利的角度开设店铺，而对店铺带来的负外部效应缺乏考虑。例如，某些商业种类（如餐饮店）对居民的生活环境和生活品质有较大的负面影响；高等级社区商业设施布局不当，导致其吸引的人流、车流造成交通拥堵；此外，社区商业设施的噪声、垃圾等对环境也有一定污染。单纯依靠市场主体的运作无法协调上述矛盾。

四、政府对社区商业设施开发与经营的干预——发达国家和地区的经验

1. 干预的目的和方式

发达国家和地区通常将商业规划作为土地利用规划的一部分，同时通过立法（如法国、日本）和制定规划政策指引文件（如英国、香港特区）对商业设施开发进行干预。

(1) 为低利润便民商业提供政策扶持以满足居民的基本生活需求

法国政府鼓励并扶持在有商业需求但人口稀少或偏远的地区开设商店。香港特区政府为鼓励低利润的菜市摊贩进入街市集中经营，并参与和私营生鲜超市的竞争，向他们提供由差饷物业估价署估价的，比该地区正常商铺租金低一半的廉价租金予以扶持。同时，每年提取一部分租金用于维修街市内的空调与电梯设备等便民设施，营造良好的购物环境[15]。通过上述政策，可一定程度上保障低利润便民商业的经营，满足居民的基本生活需求。

(2) 提供详细而充分的基本信息，帮助开发主体决策

香港特区政府统计处公开提供各议会小区详细的基本信息，内容涵盖人口结构、教育结构、收入水平、房屋空置率、租金水平等各个方面，并且定期更新。如：香港规划署分别于1997年和2004年委托市场策略研究中心分区域对香港居民的购物习惯进行调查，调查对象包括香港居民和零售商户。对香港居民调查的内容包括购买各类商品的购物地点、消费开支、出行距离、出行方式、喜欢的零售商铺类型、对各类零售设施的需要等；对零售商户的调查内容则包括对零售配套设施的需求、对商铺位置及面积需求的商业计划等。这些基本信息对市场主体的正确决策提供了重要基础。

(3) 建立开发审批制度，对商业开发项目进行审核

日本、法国和香港等发达国家和地区均通过立法或制定政策文件对商业开发项目进行审批。审查的目的和内容主要包括以下几个方面：

a. 减少商业开发带来的负外部效应

日本最新的《大店法》规定，凡是1000㎡以上的商业设施均在审批范围之内，并将交通影响、环境污染（噪声、大气等）、垃圾处理等列为项目审查内容；法国1996年的《拉法兰法》规定，新建和改建营业面积300㎡以上的食品商店及1000㎡以上的非食品商店须经政府审批，商业设施若导致交通堵塞则不予批准；法国2000年出台的《城市团结与更新法》则对新设商店的公共交通、接卸货场地作了规定，2003年出台的《城市规划和住房法》对保护环境、避免扰民也作了专门规定。

b. 避免恶性竞争和重复建设

英国政府规定，对市中心边缘或以外的商业开发项目，发展商需要拿出专业机构出示的需求和影响评估证明。评估需要阐明开发的必要性、开发的规模是合适的及对已有商业中心没有不可接受的负面影响等内容。经过评估的开发申请才能获得政府批准。

香港特区政府要求对于建筑面积大于50000㎡的地区中心（除商业设施外，中心内还含有约15%的零售服务设施面积[16]），发展商需进行需求和影响评估。除此之外，其还通过在法定图则中规定相关用地内商业/服务业的开发审批条件[17]对其他小规模的商业开发项目进行审批，由规划委员会对发展商提交的需求评估证明进行审核后给予答复。需求评估因素主要包括人口、零售业销售额、零售业/饮食业就业人数、零售楼宇价格指数、居民的购物习惯等等。影响评估因素则主要包括服务范围的相对大小、相互竞争的中心其零售的相似程度及到达相互竞争中心交通出行距离和便利程度、家庭住户的类型及其相似

性、在中心的四周是否有工作区域等等。

2. 政府如何制定干预商业设施开发布局的依据——香港的启示

早在1965年香港就已经开始在《香港城市规划标准与准则》（后文简称《准则》）中制定相关条文，对零售设施开发和建设进行规划引导，并于1998年和2009年先后两次对零售设施建设进行系统、全面的回顾和检讨后重新修订了该章节的条文。《准则》中指出："政府一向清楚明白零售业发展须以市场主导，而政府应保持最少干扰，以便私营机构因应市场作出有效回应。政府无须积极进行规划或订明僵化的设施标准，相反只应担当支援角色，以改善购物环境"。根据《准则》，政府对零售设施开发的干预具有两个最重要的特点。

（1）依据居民的购物消费需求和行为特征界定零售设施等级，作为规划和评估的基础

《准则》将零售设施分为地区购物中心和邻里购物中心，它们提供商品的类型符合居民日常购物消费需求特征，区位/交通特征则符合居民日常购物消费行为特征（表4）。需要指出的是，在修订后的《准则》（2009年4月版本）中取消了对各等级零售设施服务人口、建筑面积和商品档次的界定，这也反映出在居住空间分异的条件下，上述指标受所服务居民的社会/经济特征和消费习惯的影响较大，具有较大的灵活性。显然，修改后的准则更能充分满足居民的需求。

香港零售设施等级界定标准（2009年4月） 表4

零售中心等级	提供商品的类型	区位/交通特征
地区购物中心	提供各式各样的家居耐用品、个人消费品、个人耐用品、消闲和娱乐设施以及餐饮服务	通常邻接区内公共交通枢纽，如港铁车站或巴士总站，方便乘客在这些枢纽转换公共交通工具时购物
邻里购物中心	为区内居民提供便利品、家居零售服务、个人零售服务和餐饮服务	一般位于公营房屋和私人屋苑及以住宅为主的地点等住宅区附近，消费者信步可达

资料来源：《香港城市规划标准与准则》（2009）

（2）评估体系兼顾零售商和发展者的"商业判断"，以保证社区商业设施开发与经营的市场主导

《准则》中指出，零售商和发展者的"商业判断"是基于他们关注的经济指标来考虑的。这些指标包括服务范围内居民的购买能力、赢利效益（包括零售物业和销售赢利）、服务地区的活力及交通可达性，以及服务地区内商业设施的竞争等。政府为发展商进行上述分析提供信息支持，同时对发展商的评估结论，以及据此提出的开发申请进行审批。

这样一来，发展商的利益将得到保证。同时，由于上述指标也有效反映了居民的需求，因此在信息充分、对称，开发研究专业、合理的条件下，也满足了居民各种层次的需求。

五、结语

在市场经济条件下，居住社区商业设施配置的市场化可发挥各个市场主体的主动性和积极性，既可较为有效地满足不同社会/收入特征人群的消费需求，又能保证商业经营者的获利要求。但是，完全的市场配置存在开发主体决策失误、商业功能影响城市环境和居民生活等问题。因此，在市场主导社区商业设施开发与经营的条件下，政府应该进行适度的干预。干预的前提是不影响社区商业设施开发与经营的市场运作规律，以便市场主体对市场需求做出有效回应，干预的方式包括提供基础信息服务、政策扶持和建立有针对性的开发审批制度。开发审批时应兼顾开发和经营主体的"商业判断"，以保证社区商业设施开发与经营的市场主导。

政府对社区商业设施开发与经营的干预需要多个机构和部门（如规划、交通、环保，并委托专业评估机构介入等），依据相关规范（如规划标准与准则）以及专业判断来进行。如何根据上述思路，结合我国的行政管理体制，建立有效的社区商业管理机制是需要进一步探讨的问题。

注释

1. 清华大学建筑学院万科住区规划研究课题组. 万科的主张，2004.9

2. 陈燕萍. 论住区相关设施配套指标体系的改革. 建筑学报，2000.4

3. 国家商务部. 社区商业设施设置与功能要求（SB/T10455-2008），2008.7

4. 柴彦威，沈洁，翁桂兰. 上海居民购物行为的时空特征及其影响因素，2008.3

5. 见参考文献3~6
6. 决策资源集团房地产研究中心. 商业地产实战手册. 北京：中国建筑工业出版社，2007.5
7. 深圳大学建筑与城市规划学院课题组. 关于南山区社区商业的调查，2009.5
8. 华侨城片区商品住宅用地面积占总居住用地面积的比例为70.4%，其中均价在35000元/m²以上的占29.8%（深圳市国土资源与房产管理局房地产信息系统，2009.5月）
9. 西丽片区内城中村住宅用地面积占总居住用地面积的比例约60%。商品住宅中，85.6%价格在12000元以下（深圳市国土资源与房产管理局房地产信息系统，2009.5）
10. 上述两个片区的社区商业面积统计不包括市/区级商业设施
11. 深圳大学建筑与城市规划学院课题组. 关于华侨城和西丽片区居民对商业服务设施满意度的调查，2009.5
12. 见参考文献10~12。
13. 北京的万柳板块，十余个大项目均是高层高密度的大盘，而每个会所几乎都是重复建设，经营惨淡。刘力. 社区商业：别让配套变"锁枷". 招商周刊，2006.6
14. 据调查，西丽人人乐、南头家乐福、岁宝百货万象店、学府人人乐均开设了到达科技园北区的免费购物巴士。
15. 香港便民商业设施建设情况简介. 徐汇经贸网. http://jw.xh.sh.cn/WebFront/sub_articlecontent.aspx?cid=58&id=3，2006.11
16. 包括提供个人服务的银行、理发店和诊所，以及有关消闲和娱乐的服务，例如戏院、卡拉OK酒廊、的士高、健身中心、家庭娱乐中心及游戏机中心。
17. 见参考文献17~18

参考文献
[1]清华大学建筑学院万科住区规划研究课题组. 万科的主张，2004.9
[2]国家商务部. 社区商业设施设置与功能要求(SB/T10455-2008)，2008.7
[3]仵宗卿，柴彦威等. 购物出行空间的等级结构研究——以天津市为例. 地理研究，2001.9

[4]柴彦威，翁桂兰，龚华. 深圳居民购物消费行为的时空特征，2004.12
[5]柴彦威，沈洁，翁桂兰. 上海居民购物行为的时空特征及其影响因素，2008.3
[6]陈秀欣，冯健. 城市居民购物出行等级结构及其演变——以北京市为例. 城市规划，2009.1
[7]决策资源集团房地产研究中心. 商业地产实战手册. 北京：中国建筑工业出版社，2007.5
[8]王晓玉. 国外社区商业发展的理论与实践. 上海经济研究，2002(12)
[9]吴小丁. 零售业态发展规律与城市商业网点规划. 商业时代，2005(23)
[10]陈燕萍. 论居住区相关设施配套指标体系的改革. 建筑学报，2000(4)
[11]王岚. 居住配套设施需求的差异性研究，深圳大学建筑系，2000(5)
[12]赵民，林华. 居住区公共服务设施配建指标体系研究. 城市规划，2002(12)
[13]刘力. 社区商业：别让配套变"锁枷". 招商周刊，2006(6)
[14]香港特别行政区政府规划署. Study On Shopping Habits and Revision of Chapter 6 of The Hong Kong Planning Standards and Guidelines，1998.2
[15]香港特别行政区政府规划署. 香港规划标准与准则. 第六章，2009.4
[16]香港特别行政区政府规划署. 香港规划标准与准则. 第六章，1998.1
[17]香港特别行政区政府规划署. 香港规划标准与准则. 第二章，2003.9
[18]香港特别行政区政府规划署. 城市规划条例，2004
[19]民盟北京市委. 国外商业网点规划建设的立法经验. 北京观察，2005.7

作者单位：深圳大学建筑与城市规划学院

建筑师在城市低收入阶层住宅供给中的作用
Architects' Function in the Low-income Housing of Cities

王 茹 Wang Ru

[摘要]本文探讨了建筑师在解决城市低收入阶层住房问题的一系列复杂关系中,扮演的重要角色。分析了建筑师应具有的责任心与职业素质,呼吁充分重视建筑师在城市低收入阶层住宅供给中的作用,从而更好地为社会服务。

[关键词]建筑师、低收入阶层住宅、作用、关系

Abstract: This paper studies the architects' important functions in supplying houses to the low-income. Analyzing the responsibility and vocational quality which the architects should have, it wishes that we should attach importance to architects' action in solving the question on the low-income housing.

Keywords: Architect, Low-income People Housing, Function, Relation

城市低收入阶层住宅的问题,是与国家政策、经济体制、社会结构息息相关的一系列错综复杂的问题,其中建筑师既是决策者之一,又是具体实施者,扮演了极为重要的角色,是解决低收入家庭住宅问题的核心(图1)。城市低收入阶层的公共住宅设计,归根结底是指在一定社会经济条件下,建造满足人们最低居住标准的公共住宅。"经济性"是它的前提,由此决定了其"标准低"、"造价低",但并不意味着其"品质低"、设计水平低,它是符合一定社会要求的"最低限度"的、"健康"、"文明"的住宅。这些复杂条件的实现,都需要建筑师来完成。

一、建筑师与政府机构的关系
1.政策实施者
政府的公共住房政策在具体方案实施时就需要建筑师

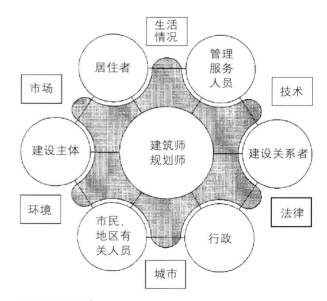

1.建筑师的作用[1]

来实现,建筑师把政府对低收入住宅的用地、户型种类、面积要求等一系列要求——体现在设计方案中。最终用户对低收入住宅使用得满不满意取决于建筑师的设计水平。

(1)在建设的准备阶段所起的作用——参加建设主体,并协助进入正常运营;协助选择规划用地,争取高效利用规划用地;协助包括建设准备阶段在内的工作进度;协助实现规划目标,确立该建设的社会作用;协助进行社会调查、商品策划,形成新理念。

(2)在实施阶段所起的作用(规划、设计、工程监理)——适应规划、设计要素的复杂化方面的要求;适应先进化、专业化方面的要求;规划和设计技术的先进性;适应发包和生产方法的多样化和先进化的要求。

(3)使用阶段的作用——房屋建成后的维修是考察规划、设计及监理技术的依据;根据出现的新问题,担当改善要求的顾问;对改建和更新进行咨询是今后的主要任务[2]。

2.实施协调者

在联合实施型的再开发事业和合作建设项目中,以协调者的角色起到推进作用;代替办公机构处理有关事务性工作(包括会计);以建设顾问的身份选择建设规划的方案和建设参与者;以规划顾问的身份确定设施规划,调整有关人员;以设计者的身份进行建筑设计和工程监理。

在合作建设项目中,重点是向参与者进行咨询,进行个别性的设计。

3.信息反馈者

建筑师可以从专业角度把在具体设计过程中发现的问题、得到的经验通过各种渠道向政府机构反馈,对已有政策法规发表意见并对未来政策提出建议。

二、建筑师与开发商的关系

1.对开发商的策划有积极的作用

如果把住宅开发者看成是"导演"、把建筑师看成是"演员"的话,扮演"住房生活者"的是建筑师,归纳总结最终的"住房者基本情况"的人也是建筑师。建筑师同样也是开发商住宅计划的具体实施者,除了上述其对政府机构的作用外,对开发商的策划也有积极的作用:

(1)用地选择方面的探讨(策划)。因为建筑用地的选择是关系到该项住宅建设事业的成败,要做出正确的决定,准确地把握规划的潜在价值。

(2)进行初步建设模式的推敲(基本规划)。对开发者的目标、方针、意图的可能性进行确认;掌握实现的难易程度(时间、成本、邻里关系、法律制度)。

(3)协助进行工程管理(咨询服务)。协助制定建设计划;协助推动工程进展。

2.对开发商的计划有反馈的作用。

建筑师和政府机构的关系相比他们与开发商的关系还是有所不同的。建筑师往往直接受雇于开发商,在设计过程中,受经济利益影响,有时会听命于开发商,对住宅设计做出不合理的改动,为开发商谋求最大利益服务;更不用说提出专业建议对其不合理(法)的行为进行指正了。例如,政策规定先立项审批再动工实施,有些开发商则在动工的同时才办理手续,甚至对已经完工的项目作可行性研究报告,以求合法手续;再有明明是针对低收入者的经济适用房,却建超大户型,骗取政府的优惠政策,将其消化为自己的高额利润。这是目前我国房地产泡沫、经济适用房遭到批判的主要原因之一。而在这些过程中,建筑师无形中成为了帮凶。

所以,如何与开发商建立健康良好的关系是一个重要问题。

三、建筑师与低收入住户的关系

建筑师与低收入住户的关系就涉及公共住宅设计中的公众参与,主要体现在以下几个方面。

1.对住户需求的关注

"研究用户需求(User Needs Research)"是随着时代进展而提出的一个重要课题。在现阶段的城市低收入住区规划设计中,使用人数增多导致需求更加多样化,而居民与建筑师之间的联系却被割断了。建筑师经常打交道的除与之共事的其他专业工程师外,还有机关化的业主(如房管部门、开发公司之类),任务书中的内容已经不能充分反映居民的意见(图2),因此,研究用户需求变得日益重要,否则"以人为本"就成了一句空话。

研究用户需求可以在设计前或设计过程中进行,提出设计要求或"模式"以指导设计,即用户参与;通过设计过程中的居民参与可以更好地了解用户的需求。这是了解和满足居民对居住环境需求的最有效的方式之一。

研究用户需求也可以在建成后进行,用以评价设计的

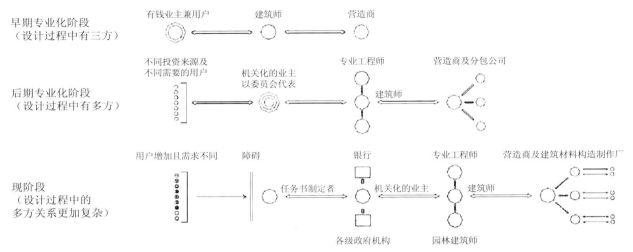

2.不同历史时期设计人员与用户的关系[3]

好坏并以反馈方式改善新的任务书,即实态调查。在住区建成居民入住以后,跟踪调查、及时接收居民意见反馈以继续完善住区环境、满足居民的需求的变化。当前的建筑和规划领域对居住小区的规划介绍大多都是对方案的介绍,也就是尚未实施或居民尚未入住时期的状况,单纯停留在物质规划阶段,缺少对居民生活需求满足状况的调查。规划设计的目的是为了满足居民的需求,居民入住后对所在住区的评价是对规划成果的最佳检验。通过实态调查了解用户需求,是促进住区环境与配套设施发展的重要手段。

一般来说建筑师要注意用户以下几个方面的需求:全方位性卫生与安全的生存需要;方便与舒适的生活需要;识别性与归属感的精神需要;社区文化与活力的情感需要。

2.注重居住形态的调查与研究

住房消费是刚性消费,对每个人都是必需的,住宅要满足人们居住行为的要求,其基本功能和空间构成有相似的一面,这是共性;但是,中外之间、地区之间、民族之间、群体之间,居住形态又有差异的一面,这是个性。这种差异是由于地理气候、经济社会、历史环境、民族习俗、道德观念、价值取向等复杂因素历史地形成的。这些在起居、睡眠、餐饮、洗浴、如厕、育幼、养老等方面的行为差异,也反映在住宅设计中。

居住形态的差异,必然带来住宅设计的不同,注重居住形态调查的目的在于使住宅建设能更好地满足不同群体的居住要求。同时,生活方式、居住形态也不是一成不变的,生活方式的改变必然带来设计类型的变化。

注意居住形态调查,对我国的低收入住宅建设尤其具有重要的意义。我国幅员广阔,东西南北差异很大,目前我们又多为中小户型,设计中空间弹性很小,只有对居住形态有准确的把握才能有的放矢地分割空间并处理好它们的相对关系。因此,我们的住宅建筑教育、建筑创作和房地产开发,都应强调居住形态调查,这既是建筑师的基本功,又是掌握第一手资料的基本手段。随着设计市场和房地产市场的更加开放,随着消费者的逐渐成熟,住宅作为不动产的地域性特征和个性化的消费需求会越来越显现,靠"一套图纸走遍天下"是不行的,搞好居住形态调查是重要而迫切的。只有这样才能做出"以为人本"的好设计,建造出消费者喜欢的好住宅。

3.建筑师促成住户参与设计

"公众参与"的思潮渗透了社会生活的各个领域,在建筑界就更是如此。于是建筑师便面临这样一个新的课题:如何让居住者参与设计?建筑师的作用又如何?

我们认为,首先应该承认居住者具有强烈的愿望和极大的潜力。他们对住房的要求富有个性,他们不但清楚怎样的房屋对于自己是合理的,而且能够千方百计地设法获得这种空间。但是,对于这种潜在的能力,即便居住者自己也未必能充分认识到,特别是由于专业知识的缺乏,成了他们参与设计的障碍。因此,如何激发居住者的潜力,并把建筑师的专业技能融会进去,使二者得以有效的结合,就成为方案设计的核心[4]。

建筑师们应有"住房者是主人"的思想,居住者是想象中的主角。所以必须明确一点,即建筑师是以居住者的角度进行设计的。建筑师在设计公共住房过程中,仅仅依靠自身的专业能力和大量图纸及技术图表是不够的,必须与当地群众广泛接触,了解使用者的想法,使设计有现实的基础。其次,在方案阶段性出台时,要和民众进行公开广泛的讨论,由民众进行评议,这样可以避免方案中不现实的地方,减少实施错误方案的冒险性。

四、建筑师的责任心与职业素质

1. 建筑师的使命感

我国目前的状况是大量的低收入者的住宅并没有给予充分重视和认真研究。如何在小面积下追求居住条件的舒适，如何从低收入者的承受能力出发设计住宅还远没有进行足够的努力。一些省、市乃至全国的设计竞赛中，面积标准较低的住宅设计往往很少得奖，而那些面积标准较高、面宽也较大的住宅设计得奖的比例较大。凡是搞过住宅设计的人都很清楚，面积标准较高、面宽也较大的住宅设计是容易搞的，也容易做得舒适、灵活；然而面积标准较低的住宅设计却令人大伤脑筋，设计上的难度很大，但这正是逼迫建筑师探索住宅设计新思路的良好契机。

由政府开发的为低收入者设计的住宅，必须从适应低收入者购买的承受能力出发，在有限的面积和经济条件制约下，创造出舒适、实用的住宅，并为将来提高标准和完善设施提供条件，这应是设计的主导思想和原则。

2. 建筑师的责任感

建筑师对公共住宅不愿花力气进行设计，是它们千篇一律、环境恼人的重要原因。但是，有社会责任感的建筑师在这方面应该有所作为。在发展中国家里，低收入者的住房问题，一直是正直的建筑师们关心的问题之一。多年来，人们在不同条件下进行了各种各样的尝试，作了多方面的努力。很多早期知名的建筑师，如格罗皮乌斯、柯布西埃、亚历山大、哈桑·法希和柯里亚等，都曾为低造价住宅的设计和建造动过脑筋。他们或提出设想，或构思方案，或亲身参加建设实践，表现了可贵的热情和社会良知。

正如美国建筑师塞缪尔·布罗迪（Samuel Brody）在答复为什么对公共住房发生兴趣时，直截了当地说因为他们受的是现代主义的建筑教育，而现代主义本身就带有强烈的社会责任感。他说："我们认为重要的问题是任何类型的住宅都应该有好的设计。"[5]

3. 建筑师的职业素质

内地的许多建筑师将建筑尊为艺术创作，而香港建筑师则更多地视建筑为一种商业经营，建筑多半是为了销售，为了获取更大的经济效益。香港地价楼价高昂，寸土寸金，每平方米建筑面积就意味着成千上万港币的收益。在政府批出的用地和容积率限制下，尽可能多地设计出最多的有效面积，巧妙地利用每寸空间，就成了建筑师孜孜以求的目标，经济效益的重要性往往在艺术性之上。因此，香港建筑师们作为职业建筑师，比较务实、简洁、宁静、大度，适应市场经济的要求，值得我们学习[6]。

决定建筑设计的最终因素是市场经济，是务实的和理性的。以建筑师的修养来进行设计，培养敬业精神，建立商品经济头脑，为产出"成品"负责，建立良好的职业风气，成为我们的目标。

注释

1. 图片来源：（日）彰国社编. 集合住宅实用设计指南. 刘卫东，马俊，张泉译. 北京：中国建筑工业出版社，2001

2. （日）彰国社编. 集合住宅实用设计指南. 刘卫东，马俊，张泉译. 北京：中国建筑工业出版社，2001

3. 图片来源：马素明. 走向完全住区——新世纪住区环境与公建配套设施建设的功能发展趋向研究：[博士学位论文]. 天津大学，2002

4. 周庆华. 建筑师促成居住者参与住宅设计. 世界建筑，1987(2)

5. 英若. 建筑师还有社会责任吗？. 世界建筑，1989(1)

6. 崔伟. 从内地看香港及从香港看内地. 世界建筑，1997(3)

参考文献

[1] （日）彰国社编. 集合住宅实用设计指南. 刘卫东，马俊，张泉译. 北京：中国建筑工业出版社，2001

[2] 马素明. 走向完全住区——新世纪住区环境与公建配套设施建设的功能发展趋向研究：[博士学位论文]. 天津大学，2002

[3] 周庆华. 建筑师促成居住者参与住宅设计. 世界建筑，1987(2)

[4] 英若. 建筑师还有社会责任吗？. 世界建筑，1989(1)

[5] 崔伟. 从内地看香港及从香港看内地. 世界建筑，1997(3)

作者单位：山东建筑大学建筑城规学院

2009年7月10~11日，由北京大学林肯研究院发展与土地政策研究中心同国务院发展研究中心联合主办的"中国低收入住房现状及政策"研讨会在北京大学英杰交流中心成功举办。会议由北大-林肯中心主任满燕云教授与国务院发展研究中心对外经济研究部隆国强部长主持，住房和城乡建设部住房保障司侯淅珉司长、世界银行顾问Alain Bertaud先生和Bertrand Renaud先生分别作了主题讲演。参加研讨会的还有来自北京大学、清华大学、中国人民大学、复旦大学、中国社会科学院、南京大学、香港大学、香港理工大学及国外多所大学的数十位专家学者。此外，国务院发展研究中心、建设部研究中心、财政部财政科学研究所、北京住房资金管理委员中心、香港差饷物业估价署等机构的专业人士与会并发言。

从"住房可承受性"到"住房公共政策"
——从《中国低收入住房现状及政策研讨会》看中国社会住房研究的转向

住区 Community Design

2009年7月10~11日于北大举行的"中国低收入住房现状及政策研讨会"在很多层面是对中国目前的低收入住房政策和研究水平的一次检阅。会议的主办方北京大学林肯研究院和国务院发展研究中心分别代表着关注中国低收入住房问题的学术界和政府智囊机构，表明了学术性研究和实用性研究的不同取向和关注点及其各自的优势和存在的问题。而此次研讨会最为重要的意义莫过于反映出了近期中国低收入住房政策的一个重要变化，即从市场化解决方案向公共政策取向的转变，表现在本次会议中，就是学界从"住房可承受性"(affordability)研究走向"公共政策"(public policy)研究的趋势。

20世纪90年代以来，随着中国住房市场化和商品化的改革，住房可承受性成为了住房研究的核心话语。围绕市场化和私有化的住房政策，一时各种住房研究都在试图解决如何使得商品住房对于中低收入人群具备可承受性的问题，经济适用房的政策正是在这种背景下产生的。但是，用住房可承受性来研究非市场、具有准公共品特点的低收入住房问题，一方面表现出了对于社会住房认识上的分歧，另一方面仍然反映着20世纪90年代房改之初急于将住房供给分配全部市场化、私有化的冒进思想——盲目地试图将低收入住房问题也纳入到供需调节机制基础上的自由住房市场来解决。

中国低收入住房问题认识上的分歧部分地来自于两派观点：一个是市场派，一个是政府派。前者认为解决低收入住房问题的核心是改善市场住房的可承受性，使得低收入阶层也能在市场上获得自己负担得起的住房；后者则认为，低收入住房恰恰是市场机制失效的领域，需要政府积极有效地主动干预。可以说，在1998年前后，中国的低收入住房政策是由市场派主导的，经济适用房就是在此背景下调节商品住房的可承受性，帮助中低收入人群进入住房市场的产品。但是，经济适用房的失败和低收入住房问题的积累，证明了用自由住房市场和私有化来解决低收入群体的住房问题在目前中国社会经济条件下的失效。这个时期的低收入住房政策的特点用财政部财政科学研究所苏明先生的话来说就是：过度市场化，政府不作为。

本次会议上精彩纷呈的报告反映了低收入住房问题研究不能拘泥于学科理论与工具，与会者从公共政策、财政制度、征信制度等不同角度探讨中国的低收入住宅问题与解决办法，表明了中国低收入住房问题研究的重点已经转向如何将低收入住房作为一种公共品或准公共品，将低收入住房问题作为公共政策的一个方面来对待。例如国务院发展研究中心社会部的林家彬副部长明确提出住房保障制度是公共政策的一个组成部分。倪红日女士则指出，低收入住房应该是一种准公共品，并且对相应的政府角色与责任、公共财政的支持都提出了建议。显然，对于公共品与公共政策的研究，仅有经济学的方法是不够的。遗憾的是，本次会议上缺乏来自学术界的对于低收入住房的公共政策转向的回应。这反映了学术界对于低收入住房这个多面性问题的研究尚缺乏多学科交叉的手段，从方法上不能摆脱学科传统的局限，未能引入社会政策和公共财政等多角度的研究。当然，缺乏有效的、多学科交叉的研究手段也是目前中国学术界针对住房问题研究尤其是社会住房问题普遍存在的缺憾。

将低收入住房问题作为一种公共政策也预示着住房研究的重点从住房可承受转向公共政策领域。针对低收入阶层的社会住房分配的根本原则是means-tested(可以理解为局部的按需分配)，即由社会机构(非市场机构)按照住房实际需要来提供。Means-tested的研究对象是人，而住房可承受的研究对象是房子。Means-tested的预设前提是有一部分人靠自己的能力是无法从自由住房市场上获得私有住房的，因此需要来自政府的帮助；而住房可承受的预设前提是所有人都应该从市场上解决住房问题，所以研究的重点是如何使房子让穷人也能负担得起。从公共政策的角度来看，控制人们是否能够获得社会住房的因素不是房价，而是一个家庭的收入水平和住房水平是否属于政府定义的社会住房的扶助范围，而并非是市场住房的可承受性问题。当然，中国住房私有化以来的住房可承受性问题是今日严峻的低收入住房问题的成因。但是，事实证明，调节市场住房的可承受性并非解决低收入住房问题之道，因为私有化的前提已将中国目前的和潜在的城市低收入群体排除在外了。对于住房研究中忽视所使用工具的预设理论前提的倾向，正如澳大利亚的住房研究者Jacobs和Manzi(Jacobs, k.and Manzi, k., 2000, "Evaluating the Social Constructionist Paradigm in Housing Research" in Housing, Theory and Society 17:35-42)所说：

"毫不奇怪的是，住房研究中所采用的理论模型很少受到研究者的详查；相反，他们依靠收集实证数据来提出政策建议。因此，其研究在方法论上是非常保守的。此外，这也使得开展新的研究路线变得非常困难，更不必说为新的住房政策建立一个不同的理论模型。"

此次会议表明住房研究领域中这种忽视理论前提的现象正在被改变，摆脱了对于住房可承受性问题的纠缠，低收入住房的研究延伸到了公共政策、财政政策、政府分工与角色、政府与市场关系、收入征信制度以及流动人口的非正式住房等问题，显示了近期中国低收入住房研究从市场角度走向公共政策的重大转向，这将对中国低收入住房问题的解决具有决定性作用。